国家中等职业教育
改革发展示范学校建设系列成果

中等职业教育计算机专业系列教材

图形图像处理
——Photoshop

主　编　陈　明　李　虎
副主编　熊　强　滕彩富　谯祖刚
编　者　李小琴　曾检妹　汤小红
　　　　杨家林　曾　勇

重庆大学出版社

内容简介

本书由多年从事图形图像处理教学的教学团队和重庆五天广告策划有限公司执行总监曾勇先生共同编写,通过对计算机应用专业(图形图像处理方向)的职业群进行典型工作任务和职业能力分析,以此确定本课程的工作任务内容,以项目任务为单元来组织教学活动,并将Photoshop基础知识融入项目活动中。本书分9个项目:项目一认识图形图像处理软件——Photoshop;项目二介绍图像的选取与裁剪;项目三介绍图像的编辑与绘制;项目四介绍图像的调理;项目五介绍图形的绘制与编辑;项目六介绍文字处理;项目七介绍图层的应用;项目八介绍通道和蒙版的应用;项目九介绍滤镜的应用。每个项目里的任务主要由"任务描述""任务分析""任务实施"和"做一做"4部分组成,使读者在完成任务的过程中对Photoshop的基础知识和技能进行了解和掌握,并能熟练运用Photoshop制作精美的平面广告、海报、装饰画、平面效果图、插画、网页等。

图书在版编目(CIP)数据

图形图像处理:Photoshop / 陈明,李虎主编. —重庆:
重庆大学出版社,2014.8(2018.9重印)
ISBN 978-7-5624-8138-6

Ⅰ.①图… Ⅱ.①陈… ②李… Ⅲ.①图像处理—中等专
业学校—教材 Ⅳ.①TP391.41

中国版本图书馆CIP数据核字(2014)第115497号

国家中等职业教育改革发展示范学校建设系列成果

图形图像处理——Photoshop

主 编 陈 明 李 虎
副主编 熊 强 滕彩富 谯祖刚
责任编辑:王海琼　　　　版式设计:王海琼
责任校对:贾 梅　　　　责任印制:赵 晟

*

重庆大学出版社出版发行
出版人:饶帮华
社址:重庆市沙坪坝区大学城西路21号
邮编:401331
电话:(023)88617190　88617185(中小学)
传真:(023)88617186　88617166
网址:http://www.cqup.com.cn
邮箱:fxk@cqup.com.cn(营销中心)
全国新华书店经销
POD:重庆新生代彩印技术有限公司

*

开本:787mm×1092mm　1/16　印张:11.5　字数:287千
2014年8月第1版　2018年9月第7次印刷
ISBN 978-7-5624-8138-6　定价:26.00元

本书如有印刷、装订等质量问题,本社负责调换

前　言

由于社会经济的迅猛发展，各种广告需求成倍增长，给广告设计、图形图像处理行业带来了无限的商机，各种广告公司不断扩大经营规模，各类图形图像处理人才的需求以年均超过 30% 的速度不断增加。随着数码设备逐渐在人们生活中普及，DV 编辑、婚纱摄影逐渐成为人们生活的一部分，视频处理人才的需求也逐渐增多。据重庆市人力资源与社会保障局公布的数据，重庆市对图像处理人才的需求量应在 5 万人以上。

Photoshop 是电脑美术设计中不可缺少的图像设计软件，广泛应用于网页制作、商业展示、广告宣传、多媒体制作等行业。

本书正是根据这一需求，由具有行业实际经验的专家和丰富教学经验的教师共同编写而成。

本书具有以下特点：

1. 以工作过程中的任务引领知识、技能，使学生在"做"的过程中，掌握专业知识和职业技能，从而构建属于自己的经验、知识或能力体系。

2. 突出能力。课程定位与目标、课程内容与要求、教学过程与评价都落实在职业能力的培养上，体现职业教育课程的本质特征。

3. 内容实用。紧紧围绕工作任务完成的需要来选择课程内容，不强调知识的系统性，而注重内容的实用性和针对性（发展性）。

4. 以工作任务为中心，以学为主、以教为辅、以做为目的。实现理论与实践的一体化、体现"教、学、做合一"。

5. 行业参与。强调学校与行业、企业共同开发教材，从而保证了学校教学目标与企业生产实际要求一致。

本书由陈明、李虎担任主编，熊强、滕彩富、谯祖刚担任副主编，全书的编写大纲和统稿工作由陈明完成。项目一由熊强编写；项目二由滕彩富编写；项目三由曾检妹，汤小红编写；项目四由曾检妹、李小琴编写；项目五、项目六由谯祖刚编写；项目七由陈明编写；项目八由熊强编写；项目九由滕彩富编写，全书数字资源由杨家林编写。本书中的很多案例和图片由重庆五天广告有限公司经理曾勇先生提供，他对书的编写提出了许多宝贵的修改意见，在此编者向他们表示衷心的感谢。

本书适合作为中等职业学校计算机应用专业的教材，也可供图形图像制作爱好者、广告设计开发人员以及相关培训人员使用。

由于编者水平有限，书中难免出现疏漏及错误，恳请广告读者批评指正。

编　者

2014 年 3 月

目　录

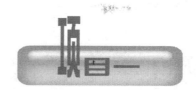

认识图形图像处理软件
——Photoshop

项目描述

Photoshop 提供了处理图像、修饰照片、修改图像、设计印刷品等功能，用户可以快速合成各种景物，创造出精美的图片，然后可以根据不同的需要印刷到产品包装上。Photoshop 提供了无限的创作空间，把你的作品由一张白纸变成一个令人惊叹的图像广告。

学习完本项目后，你将能够：

- 感知 Photoshop 的作用；
- 识记图形图像处理常用的步骤；
- 认识图形图像处理的应用范围；
- 了解 Photoshop 的窗口组成；
- 识记工具箱中各工具的使用方法。

任务一 走进图形图像处理

 任务描述

了解图形图像处理的常用步骤。初步了解 Photoshop 的作用，知道图形图像处理的应用范围。

 任务分析

总体来说，图形图像处理包括对静态图片、动态视频图像的处理，是一个系统工程，是一个团体集体运作而成。

平面广告制作中最常见的工作就是对图片的处理。本任务将要学习图像处理的流程和常用的工具软件。

在平面广告设计中，对图像的处理是最基本也是最复杂的工作，广告中的图片要根据广告创意进行加工处理，而处理图片的常用软件是 Photoshop，使用 Photoshop 处理图片的常用步骤如下所示。

抠图	从图像中选取所需要的素材
旋转和裁剪	改变图片的放置角度，裁剪图像不需要的部分
去斑	消除图片的斑点、划痕等
亮度 / 对比度	改变图像的局部或整体亮度、对比度
色阶	调整色阶可以使图像中的黑白定义正确
色相 / 饱和度	改变图像的色相、饱和度。类似将红色变为蓝色，将绿色变为紫色等
色彩平衡	校正由于调整色阶后引起的色彩问题
修复、去杂质	修正由上面步骤调整引起的瑕疵
图像尺寸	根据不同介质上输出图像，改变图像的分辨率

Photoshop 的应用范围如下所示。

平面设计	平面设计是 Photoshop 应用最为广泛的领域，无论是我们正在阅读的图书封面，还是大街上看到的招贴、海报，这些具有丰富图像的平面印刷品，基本上都需要 Photoshop 软件对图像进行处理。	
照片后期处理	Photoshop 具有强大的图像修饰功能。利用这些功能，可以快速修复一张破损的老照片，也可以修复人脸上的斑点等缺陷。常被用于摄影照片的后期处理，调整照片的光影、色调、修复等。	
广告摄影	广告摄影作为一种对视觉要求非常严格的工作，其最终成品往往要经过 Photoshop 的修改才能得到满意的效果。	
影像创意	影像创意是 Photoshop 的特长。通过 Photoshop 的处理可以将原本风马牛不相及的对象组合在一起，也可以使用"狸猫换太子"等手段使图像发生面目全非的巨大变化。	
建筑效果图后期修饰	在制作建筑效果图（包括许多三维场景）时，人物与配景（包括场景的颜色）常常需要在 Photoshop 中增加并调整。	

 任务实施

创意公益广告

	创意说明：图像通过一个人形苦苦挣扎，配上适当的文字说明，体现了吸烟对人体的危害。
	如果要制作这幅广告，你应该收集或制作哪些图片素材？

 友情提示

图片处理没有固定不变的步骤，作出同一种效果可能有不同的方法，最终的目的就是通过处理达到最满意的效果。

 做一做

调查：图形图像处理还应用到哪些方面？

任务二　初识 Photoshop

 任务描述

4

在计算机图像处理领域中，Photoshop 除了具有强大的功能外，其亲切的人机界面也备受好评。下面将带领大家进入 Photoshop 的新视野。

任务分析

　　Photoshop 是一款功能强大、性能稳定的专业级图像处理软件。本任务将学习 Photoshop 的应用领域、启动界面、工作界面。

 任务实施

　　1.Photoshop CS4 启动

双击桌面快捷图标	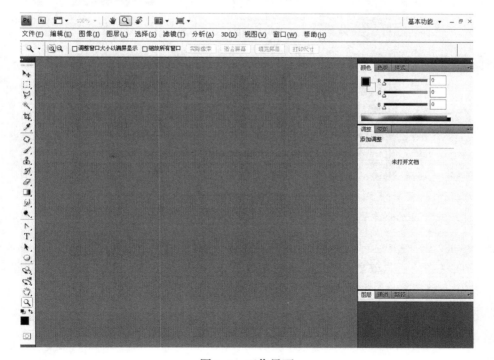
选择命令	"开始" → "程序" → "Adobe Potoshop CS4" → "Adobe Photoshop CS4"
打开后缀名为 .psd 的文件	双击扩展名为 .psd 文件，如 AA.psd

　　启动后的工作窗口界面如图 1-1 所示。

图 1-1　工作界面

友情提示

Photoshop CS4 启动后没有图像打开，如果要打开一个图像文件，可以使用以下方法之一。

单击"文件"→"打开"（快捷键 Ctrl+O）。

单击"文件"→"最近打开文件"。

双击工作区屏幕的灰色区域，选择打开文件的路径，选择要打开的文件。

2.Photoshop CS4 的工作窗口组成（如图 1–2 所示）

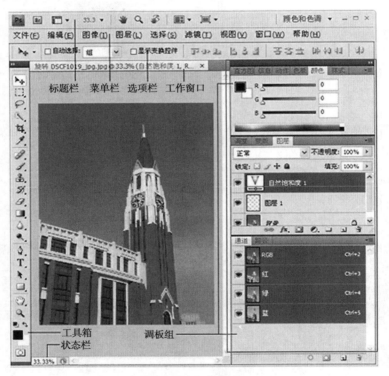

图 1–2　工作窗口

标题栏：位于整个窗口的顶端。

菜单栏：Photoshop 将所有命令集合分成 9 类菜单。

选项栏：位于菜单栏下方。

工作窗口：显示当前打开文件和名称、颜色模式等信息。

调色板：位于工作界面的右侧。

工具箱：通常位于工作界面的左侧，由 22 组 50 多个工具组成。

其中，工具箱是 Photoshop CS4 中最重要的组成部分，也是在处理图形图像时是最常用的部分，工具箱中的工具如图 1-3 所示。

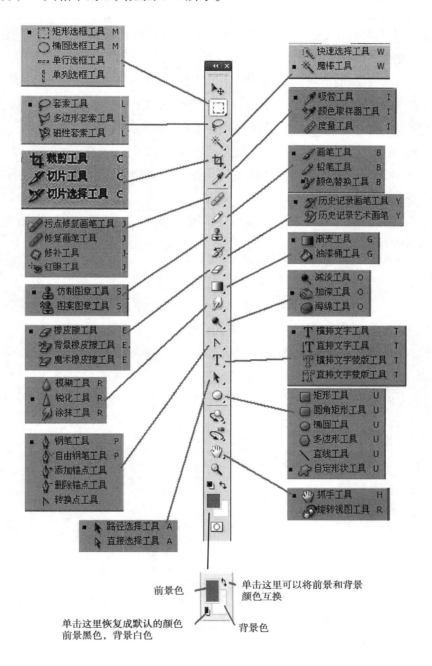

图 1-3 工具箱

友情提示

（1）在使用其他工具的时候，按住空格键，就可以切换到抓手工具。注意，在使用文字工具的时候，不能使用空格键切换到抓手工具。

（2）单击工具箱最上端的▶▶▶▶按钮，可把工具箱在单行和双行间切换。

（3）工具箱中有些按钮的右下角带有黑色小三角形符号，表示该工具还有其他隐藏的工具，用鼠标按住三角形符号可显示出相关的隐藏工具。

（4）按住 Tab 键，可以将所有的工具栏和面板隐藏，同时按住 Shift 和 Tab 键，可以隐藏右边的活动面板。当你作图时，因为面板的遮挡无法看清图片的全貌，这个操作就非常有用。

（5）在使用任何其他工具时，按空格键可以切换到"抓手工具"，放开空格键可以回到当前使用的工具。

 **做一做**

（1）Photoshop CS4 的启动方式有哪几种？

（2）打开图像文件的方法有哪几种？

（3）把单行工具箱变成双行工具箱。

（4）如何调出隐藏工具？

学习评价

任务名称	目　标		完成情况			自我评价
			未完成	基本完成	完成	
任务一 走进图形图像处理	知识目标	记住调整图像色彩平衡的主要命令				
		能解释图层调板及各功能按钮的作用				
	技能目标	能使用色彩平衡、色相、饱和度、替换颜色和可选颜色等命令调整图像				
	情感目标	养成严谨求实、勤奋学习的态度				
		养成高度的责任心和良好的团队合作精神				
任务二 初识 Photoshop	知识目标	记住图像色调调整命令				
	技能目标	使用曲线命令调整图像的任意色调				
	情感目标	养成严谨求实、勤奋学习的态度				

① 同学们根据自己达到的水平在对应的"未完成""基本完成""完成"格中打√。
② 同学们在"自我评价"栏中对任务完成情况进行自我评价

图像的选取与裁剪

项目描述

图像的选取与裁剪是深入学习 Photoshop 图像合成与设计的基础，选区的操作在设计中应用非常多，经常需要根据设计使用不同的选取工具来建立选区。在本项目中将通过实例对选取工具和剪裁工具的使用进行详细的讲解。在实际操作中应使用快捷的选取方式，提高制图的效率和精确性。

学习完本项目后，你将能够：

· 掌握"裁剪"工具的使用；

· 掌握选区的应用；

· 掌握"选框"工具的使用；

· 掌握图像的变换操作。

任务一　选取图像

 任务描述

选区是 Photoshop 中很重要的概念，它被选取后，能够进行移动、拷贝、描绘或者色彩调整等操作，同时不会影响选区外的部分。

 任务分析

在本任务中，将分别用到选框工具和魔棒工具等来完成贴窗花的操作。

原始素材

原始素材

效果图

相关知识

（1）选框工具即为规则选择工具，包括矩形选框工具、椭圆形选框工具、单行和单列选框工具。使用"Shift+M"快捷键可以在矩形选框工具和椭圆形选框工具中进行切换，或按住"Alt"键用鼠标直接在工具栏选框工具上单击切换。

（2）羽化：羽化的值越大，朦胧范围越宽；羽化的值越小，朦胧范围越窄。

方法1：先在工具栏输入羽化值，后用选框工具选择，完成选区的羽化操作。

方法2：先用选框工具选择区域，再选择"选择"→"修改"→"羽化"命令，在弹出的"羽化选区"对话框内输入值（也可以使用"Ctrl+Alt+D"组合键），完成选区羽化操作。

（3）魔棒工具：是基于颜色的选取工具，它包括魔棒工具、快速选择工具。其快捷键为"W"，使用"Shift+W"快捷键可以在魔棒工具和快速选择工具中进行切换。

（4）魔棒工具可以根据单击点的像素和给出的容差值来决定选择区域的大小，当然，这个选择区域是连续的。在魔棒选择工具面板中有一个非常重要的参数——容差，它的取值范围是0~225。该参数的值决定了选择的精度，值越大，选择的精度就越小，反之亦然。

任务实施

1. 框选

第1步：打开"项目二\素材\花.jpg和窗框.jpg"。	  花　　　　　　　　　　窗框

第2步：用选框工具选取"花"素材的部分区域。

（1）单击"矩形选框"工具，如图1所示。

（2）按住鼠标左键拖动，框选目标区域，如图2所示

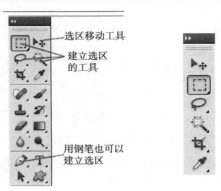

图1

图2

第3步：对选取区进行羽化操作。

（1）选择"选择"→→"修改"→"羽化"命令，打开"羽化选区"对话框。如图1所示。

（2）输入"羽化半径"值为10，如图2所示

（3）单击"确定"按钮后的效果如图3所示。

图1

图2

图3

第4步：将选取部分移入窗户素材中。

（1）单击"移动工具"，单击该区域，按住鼠标左键，拖动到窗户素材中。

（2）按"Ctrl+T"快捷键，调整选取部分大小，同时调整位置。

注意：在此过程中，也可以使用"复制""粘贴"命令完成（快捷键分为"Ctrl+C"，"Ctrl+V"）。

第5步：拆分选取部分，调整位置。

（1）单击"矩形选框"工具，按住鼠标左键拖动，框选出如图所示的目标区域，如图1所示。

（2）单击"移动"工具，按住"Shift"键，沿水平方向拖动选区到适当位置，如图2所示。

（3）按"Ctrl+D"快捷键取消选区，虚线框消失。用移动工具将窗花移动到适当位置，如图3所示。

图1

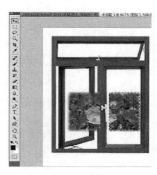

图2

图3

2.魔棒的使用

第1步：用"魔棒工具"选取图中红花，其操作步骤如下：

（1）选择"魔棒"工具，设置容差值为15，点选白色区域，框选目标区域，如图1所示。

（2）选择"添加到选区"按钮，设置容差值为5，选择边缘未选中的白色区域。

（3）选择"从选区减去"按钮，单击多选区域，如图2所示。

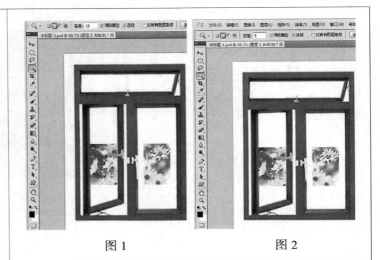

图1　　　　　　　　　　图2

注意：框选区域时，可以配合"Shift"键实现添加到区域；配合"Alt"键实现从选取减去。

第2步：调整选中红花的颜色。

（1）选择"图像"→"调整"→"色相/饱和度"命令，如图1所示。

（2）勾选"着色"和"预览"复选框，分别调整色相、饱和度、明度值，同时观察图中花的颜色变化，单击"确定"按钮，如图2所示。

图1

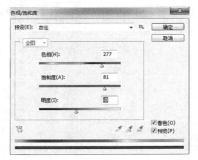

图2

 **做一做**

（1）参照教程中实例部分，给照片（自己找照片）加边框。

（2）选择下图中左上角的小牛（提示，打开项目二 \ 素材 \ 卡通牛 .jpg）。

任务二　裁剪图像

 任务描述

在图像构图不满意的情况下（如大小不合适、倾斜等），"裁剪"工具能帮助我们进行修整、裁剪，使构图更加均衡、和谐和美观。

 任务分析

本任务通过用裁剪工具修正宫殿相片中主要景色的位置偏移和剪裁相同大小的 4 张钓鱼城风景照来学习图像的裁剪。

17

原图

效果图

 相关知识

（1）裁剪是数码照片后期处理的第一步，以避免浪费精力来处理不需要的内容。

（2）首先学习裁剪工具的基础用法。使用裁剪工具，可以看到属性栏在默认情况下是没有输入任何数值的。

裁剪工具选项栏各参数含义如下：

· 宽度：确定裁剪后图像的宽度。

· 高度：确定裁剪后图像的高度。

· 分辨率：确定裁剪后图像的分辨率。

· 前面的图像：单击该按钮，将会按照当前操作的图像的尺寸进行宽度、高度、分辨率的设置。

· 清除：单击该按钮，清除当前设置的宽度、高度及分辨率的数值。

（3）可以在图中框选出一块区域，这块区域的周围会被变暗，以显示出裁切的区域。裁剪框的周围有 8 个控制点，利用它可以把这个框拉宽、提高、缩小和放大。如果把鼠标靠近裁剪框的角部，鼠标会变成一个带有拐角的双向箭头，此时可以把裁剪框旋转一个角度。

（4）如果想制作标准的冲洗照片的文件，可以利用属性栏中的宽度、高度和分辨率选项来裁剪。比如想制作 5 寸照片，可以在宽度输入框中输入"5 英寸"，在高度输入框中输入"3.5 英寸"（如果以厘米为单位的话，是 12.7 厘米 ×8.9 厘米）。分辨率是指在同等面积中像素的多少，可以想象，相同的面积，像素越多，图像也就越精细。一般来说，分辨率达到 300 像素 / 英寸，图像效果就已经不错了。

（5）调整裁剪选框的方法如下：

①鼠标指针放在框内并拖移可以将选框移动到其他位置。

②拖移角手柄时按住"Shift"键可使选框比例缩放。

③将指针放在选框处（指针变为弯曲箭头）并拖移可旋转选框，移动中心点可改变选框旋转时所围绕的中心点。

 任务实施

1. 修正宫殿相片中主要景色的位置偏移

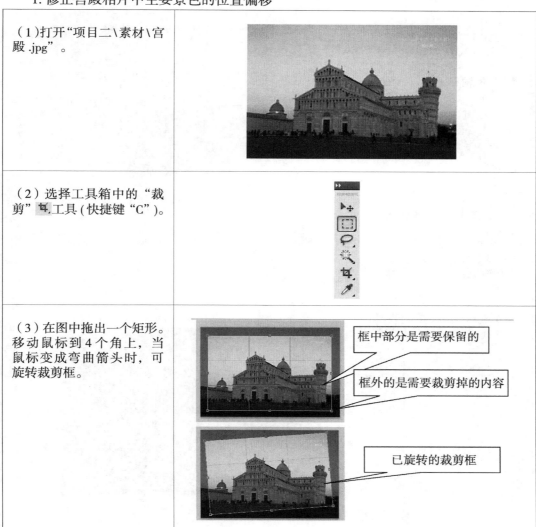

（1）打开"项目二\素材\宫殿.jpg"。	
（2）选择工具箱中的"裁剪" 工具(快捷键"C")。	
（3）在图中拖出一个矩形。移动鼠标到4个角上，当鼠标变成弯曲箭头时，可旋转裁剪框。	框中部分是需要保留的 框外的是需要裁剪掉的内容 已旋转的裁剪框

（4）在裁剪框中双击，裁切完毕，效果如图所示。	

2. 钓鱼城相册的裁剪

（1）打开"项目二\任务二\钓鱼城"文件夹中的4张图片，选择如图所示的钓鱼城 1 .jpg，图像作为当前工作的窗口。	
（2）裁剪图像。选择裁剪工具，单击图中所示属性栏上的 按钮，此时属性栏参数将以上图的宽度、高度作为裁剪图像的依据。	
（3）裁剪图像。选择图像"钓鱼城 2.jpg"，用剪裁工具在图像中拖拽鼠标，按回车键确认后图像如钓鱼城 2.1.jpg。	

（4）裁剪其他图像。用同样的方法将其他3两张图片裁成一样大小。按"Ctrl+S"快捷键分别保存文件，效果如图所示。

 做一做

裁剪图片练习。

原图（项目二\素材\钓鱼城4）

裁剪后效果图（项目二\源文件\钓鱼城4.裁剪）

21

任务三　变换图像

 任务描述

　　Photoshop 中的变换功能可以对图像进行缩放、旋转、斜切、伸展或变形处理，也可以向选区，整个图层，多个图层或图层蒙版应用变换，还可以向路径、矢量形状、矢量蒙版，选区或 Alpha 通道应用变换。

 任务分析

　　本任务通过制作装饰窗来学习图像的各种变换。

素材（花）

素材（窗框）

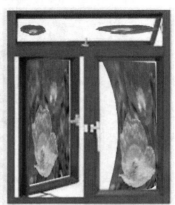

效果图

 相关知识

1. 选择变换对象

变换整个图层	应该选择图层，并确保没有通过选区选中图层中的任何对象。注意背景层不能变换，要把他转换成普通图层，可以双击该图层，或 Alt+ 双击该图层
变换图层的一部分	可以选择该图层，然后选择这个图层上的部分图像
变换多个图层	可以将多个图层链接在一起，或通过按住"Ctrl"键单击多个图层进行选择
变换图层蒙版或矢量蒙版	取消蒙版链接并在"图层"调板中选择蒙版缩览图
变换路径或矢量形状	可以使用路径选择工具，通过锚点进行改变
变换选区	可以先创建或载入一个选区，然后使用"选择"→"变换"选区命令进行操作。如果使用"编辑"→"变换"下拉菜单中的命令，则不仅会变换选区，同时也会变换图像
变换 Alpha 通道	可在"通道"调板中选择相应的通道
移动多个图层图像时	可以勾选属性栏的"自动选择"选项。通过单击画面中的物体，可以方便地选择到物体所在的不同图层，提高移动的便捷性
两个或两个以上图层链接	按住"Ctrl"键，单击蓝色部分，单击"链接图层"按钮
多个相邻图层链接	按住"Shift"键，鼠标依次单击需链接首尾图层的蓝色部分，单击链接图层按钮

2. 自由变换命令

可以在一个连续的操作中应用变换（旋转、缩放、斜切、扭曲、透视），也可以应用变形变换。

（1）工具选项栏

选择"编辑"→"自由变换"命令时，工具选项栏中会显示变换选项。

参考点	可以改变参考点，所有的变换都围绕一个称为参考点的固定点来进行。默认为对象的中心
X，Y	设置参考点的水平位置／参考点的垂直位置，即设置参考点的位置可以移动对象的位置。如果要相对于当前位置指定新位置，可以单击这两个选项中间的"使用参考点相关定位"按钮
W（设置水平缩放）/H（设置垂直缩放）	设置宽高的大小百分比。如果想进行等比缩放，可按下这两个选项中间的保持长宽比的按钮
旋转	设置对象的旋转角度（−180：180）之间的角度。
H(设置水平斜切)/V（设置垂直斜切）	如果要对对象进行水平、垂直方向的斜切，可以在 H 和 V 文本框中输入数值
变形模式	单击此按钮，可以切换到变形模式，对象上出现变形网格，编辑变形网格可以进行变形操作。如果要切换回自由变换模式，再次单击此按钮即可
取消变换／应用变换	单击此按钮可完成变换工作

（2）自由变换对象

可以按 Ctrl+t 或"编辑"→"自由变换"命令。

缩放	用光标移到控制点上进行缩放，如果按住"Shift"键则等比缩放
旋转	光标移至定界框外，变成弧形指针时可以旋转对象。如果按住"Shift"键可进行 15°的增量
斜切	将光标移至定界框的控制上，按住"Shift+Ctrl"快捷键，可以切换到斜切状态，可以进行水平，垂直斜切
扭曲	将光标移到控制点上，按住"Ctrl"键可以进行扭曲操作
透视	将光标移至定界框的控制点上，按住"Shift+Ctrl+Alt"键可以进行透视变换

（3）变换菜单命令

"编辑／变换"下拉菜单中包含用于变换操作的各种命令，"缩放、旋转、斜切、扭曲、透视"与上面一样，不需要快捷键。

再次	表示再次执行刚才的变换，"Shift+Ctrl+T"组合键

变形	选择此命令，对象上会出现网格，可在工具选项栏中选则要变形的样式，也可以手动拖动网格内的控制点
旋转	180°、90°，有逆时针和顺时针之分
水平翻转／垂直翻转	可以沿水平或垂直方向翻转对象

3. 变换实例

（1）打开"项目二＼素材＼金典桃片—包装盒1.jpg 和金典桃片—包装盒2.jpg"。	
（2）以"金典桃片—包装盒1.jpg"为背景，用磁性套索工具将"金典桃片—包装盒2.jpg"左上角的卡通人物移动到"金典桃片—包装盒1.jpg"图层上。	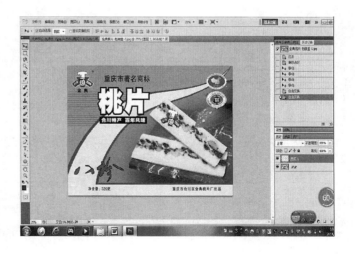

（3）自由变换：打开菜单栏的"编辑"，会看到自由变换和变换这两个选项。变换功能对于背景层不起作用。

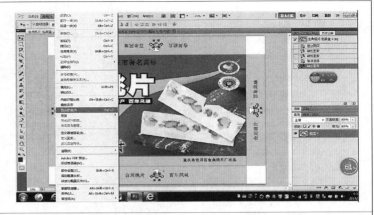

（4）变换：自由变换功能（快捷键"Ctrl+T"），可以对当前层的图像进行移动、缩放和旋转。

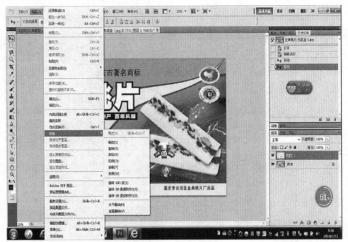

（5）旋转：选择"变换"→"旋转"，可以对图像进行旋转。旋转的时候，可以直接在变换工具属性栏的角度框中输入角度，进行精确的旋转。也可以按住图像上变换框的4个角，进行旋转。同时按住"Shift"键进行旋转，即按照15°旋转。

（6）斜切：选择"变换"→"斜切"，可以对图像进行斜向的变换。也可以直接用"Ctrl+T"快捷键，然后按住Ctrl键，对图像进行斜切变换。	
（7）扭曲：选择"变换"→"扭曲"，可以对图像进行扭曲。	
（8）透视：选择"变换"→"透视"，可以对图像进行透视。拉动4个角就可以变换不同的透视角度。	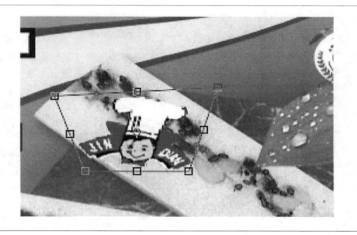

（9）变形：选择"变换"→"变形"，可以对图像进行变形。PS预置了很多变形。
选择"扇形"，并调整其变形的属性，效果如图所示。

（10）旋转：有三种旋转方式，旋转180°、顺时针旋转90°和逆时针旋转90°。

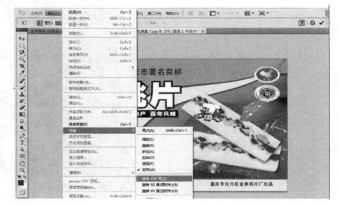

（11）翻转：有两种形式，一种是水平翻转，一种是垂直翻转。

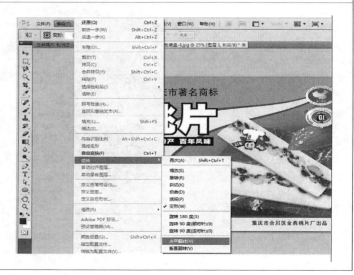

（12）映射：就是复制对称的物体。使用这个功能，可以制作出对称物品、水中倒影之类的特殊效果。如图所示，画了一个叶子的图案，然后按组合键"Ctrl+Alt+T"，叶子上多出一个变换框。这个变换框看起来和按"Ctrl+T"的变换框相同，实际上，这时候已经复制了一片叶子，因为和原来的叶子重叠，所以看不出来。在属性栏里，将原点改在右下角，这样就是以右下角的点为原点进行对称复制。	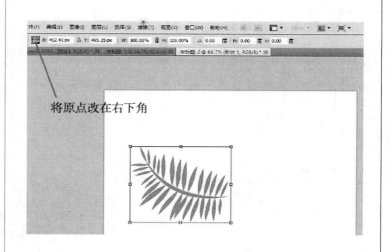
（13）然后执行水平翻转，对复制的叶子以右下角为原点，进行水平翻转。这样就得到了两片对称的叶子。	
（14）再做一个水中倒影的效果。如图所示，对图中的树按组合键"Ctrl+Alt+T"，修改原点位置。再执行垂直翻转。	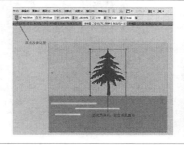
（15）为了让倒影看起来更加真实，可以使用滤镜中的扭曲功能（滤镜在以后还会详细讲解，这里只是做演示）。选择菜单栏的"滤镜"→"扭曲"→"波纹"命令，倒影就呈现出了在水中扭曲的效果，再降低倒影层的图层透明度，倒影会更加真实。	

（16）变换复制：就是对图形进行复制的同时实施了一定的变换。如图所示，绘制一个花瓣，按组合键"Ctrl+Alt+T"。修改原点位置和变换角度。这时候建立的花瓣的复制副本就呈现了一定角度的。	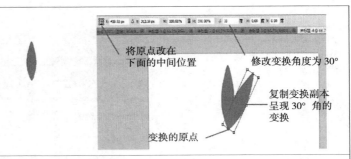
（17）按组合键"Ctrl+Alt+Shift+T"，进行再次变换，一共执行 10 次，得到了一朵非常漂亮的花。	

 任务实施

（1）新建一个 600*500 的背景图层。打开"项目二\任务三\花.jpg 和窗框.jpg"。	花.jpg 窗框.jpg

（2）用选框工具选择窗框图层的图框，然后将选中的窗框移入背景层，（此图层默认为图层1）。

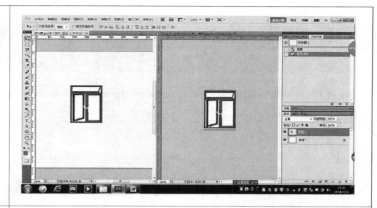

（3）关闭"窗框.jpg"，在图层面板中选中图层1（使其呈蓝色），然后选择"编辑"→"变换"→"缩放"命令。

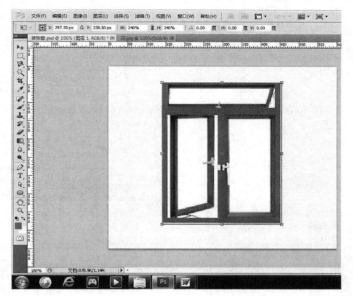

（4）选中"花.jpg"，用磁性套索工具勾选红花。

（5）将选中的红花移入窗框中（默认为图层2）。	
（6）在图层面板中选中图层2（使其呈蓝色），然后选择"编辑"→"变换"→"缩放"命令。	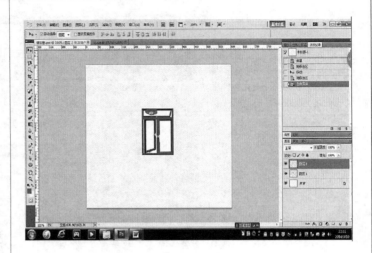
（7）用选框工具选择"花.jpg"中的红花和黄花，移入背景图层中（默认为图层3），然后选择"编辑"→"变换"→"扭曲"命令，调整控制柄如图所示。	

（8）复制图层3，移动到右边的窗格内，然后选择"编辑"→"变换"→"变形"命令，调整控制柄如图所示。

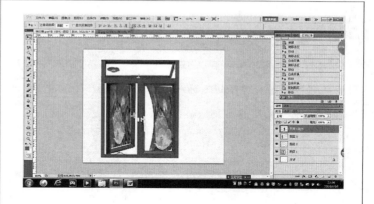

（9）在图层面板中复制图层2，将图层2副本移到右侧，然后选择"编辑"→"变换"→"透视"命令，效果如图所示。

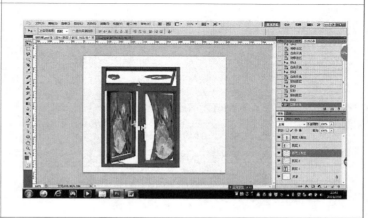

 做一做

将原图通过变换操作制作出效果图。

原图 (项目二 \ 素材 \ 北极熊 .jpg)

效果图

33

 学习评价

任务名称	目标		完成情况			自我评价
			未完成	基本完成	完成	
任务一 选取图像	知识 目标	能区别选取的各种工具和使用方法				
	技能 目标	能进行选区的各种操作				
		能选择规则和不规则选区				
	情感 目标	养成严谨求实、勤奋学习的态度				
		培养良好的心理素质和职业道德素质				
任务二 裁剪图像	知识 目标	能概述剪裁的概念				
	技能 目标	能使用剪裁工具修复照片				
	情感 目标	养成严谨求实、勤奋学习的态度				
任务三 变换图像	知识 目标	认识图像的变换类型				
		能区分缩放、旋转、斜切选区的功能				
	技能 目标	能用变换操作改变图像				
	情感 目标	养成严谨求实、勤奋学习的态度				
		培养良好的心理素质和职业道德素质				

①同学们根据自己达到的水平在对应的"未完成""基本完成""完成"格中打√。
②同学们在"自我评价"栏中对任务完成情况进行自我评价

图像的编辑与绘制

项目描述

Photoshop 提供的大部分工具都是用来编辑图像的。用户可以利用绘画工具对图像进行细节修饰，从而制作出满意的图像效果。

学习完本项目后，你将能够：

· 掌握各类工具的使用；

· 完成图像的绘制；

· 给卡通图像上色；

· 美化图像。

任务一 绘制图像

 任务描述

在 Photoshop 中，可以使用画笔工具、铅笔工具及历史记录画笔来绘制图像。只有了解并掌握各种绘图工具的功能与操作方法，才能更好地绘制出所需的图像效果。通过本任务的学习，可以熟练掌握绘画工具的属性和使用方法，利用所学工具可对图像添加艺术效果。

 任务分析

利用画笔工具绘制如下图所示的秋分时节的景色。

最终效果图：秋分

 **相关知识**

1. 画笔工具与铅笔工具的区别如下：

画笔工具可以绘制多样化线条，线条边缘较柔和，边缘不会有锯齿。

铅笔工具可以自由绘制手绘线，线条边缘较生硬，边缘有锯齿。

2. 画笔工具的工具属性栏设置

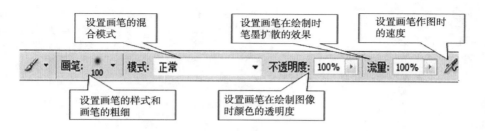

3. 画笔面板的设置

（1）打开画笔面板的方法：选择"窗口"→"画笔"命令，可以打开画笔面板。

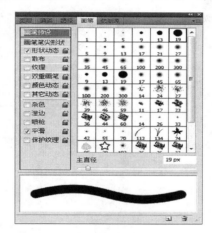

（2）利用画笔面板可以设置画笔的笔触形状、硬度、散布等参数，调出不同效果的画笔笔触。

 任务实施

（1）新建文档，参数设置如图所示。	
（2）使用渐变工具，给背景图层填充线性渐变，参数设置如图所示。	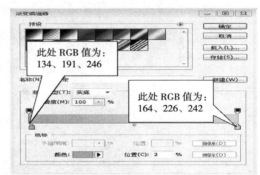
（3）填充后得到效果图如图所示。	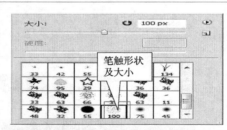
（4）设置前景色 RGB 值为119、142、37，选择画笔工具，打开画笔面板，参数设置如图所示。	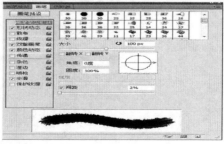

（5）新建一个图层，命名为"远山"，使用画笔工具在图层中下部涂抹出山的形状。	
（6）设置前景色 RGB 值为 170、199、71，新建一个图层，重新命名为"远山 1"，作用画笔工具涂抹出山的形状。	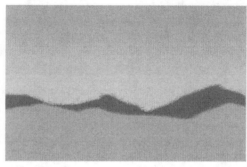
（7）设置前景色 RGB 值为 216、244、119，新建一个图层重新命名为"草地"，使用画笔工具涂抹草地。	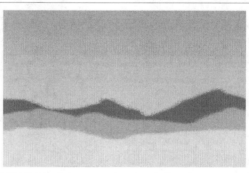
（8）选择"柔角 21 号"画笔，画出小树。	

（9）设置前景色为白色，选择如图所示的笔触（所有参数为默认值）。	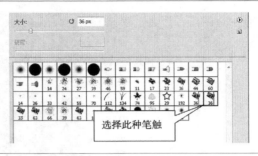
（10）新建一图层，重新命名为"云朵"，用画笔工具画出不同形状的云朵，将图层的不透明度设置70%。	
（11）新建一个图层，重新命名为"小草"，使用112号沙丘草笔触画出小草，效果图如图所示。	
（12）设置前景色如图所示。	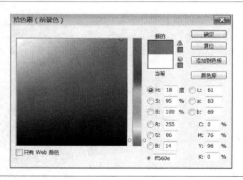

（13）新建太阳图层，使用椭圆选框工具画出太阳。	
（14）为太阳图层添加外发光图层样式。	
（15）为太阳图层添加内发光图层样式。	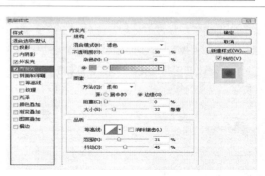
（16）最终效果图。	

41

友情提示

（1）对于铅笔工具而言，不能选择软边笔刷。

（2）单击鼠标确定绘制起点后，按住"Shift"键再拖动画笔，可画出一条直线。

（3）若按住"Shift"键后反复单击，则可自动画出首尾相连的多条直线。

 做一做

绘制"落叶"。

落叶效果图

任务二　卡通图像上色

 任务描述

　　本任务通过给卡通图像上色，学习油漆桶工具、渐变工具的功能、使用方法和属性设置，能熟练掌握图像填色的方式和技巧。

 **任务分析**

为卡通图像上色，效果如下图所示。

卡通素材

卡通上色

 相关知识

1.填充颜色的方法

·使用油漆桶工具：选择油漆桶工具后直接在选区上单击即可填充，填充颜色为前景色。

·菜单命令：选择"编辑"→"填充"命令，打开"填充"对话框，即可填充自己想要填充的颜色。

·快捷键：填充前景色的快捷键为"Alt+Delete"。

填充背景色的快捷键为"Ctrl+Delete"。

2.使用油漆桶工具喷涂颜色或图案

油漆桶工具用于填充图像或选区中颜色相近的区域（填充命令用于完全填充图像或选区），利用油漆桶工具进行填充时，只能选择使用前景色或图案而不能选择背景色、灰色等进行填充。此外还可利用油漆桶工具属性栏设置相关的参数。

3.使用渐变工具填充渐变图案

（1）使用渐变工具可以制作渐变图案。所谓渐变图案，实质上就是在图像的某一区域所填入的具有多种过渡颜色的混合色。这个混合色可以是前景色到背景色的过度，

也可以是背景色到前景色的过渡或其他颜色之间的相互过度。

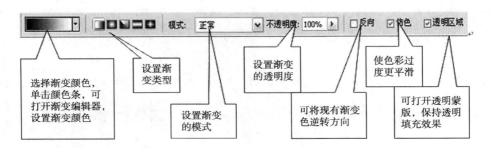

在渐变工具的属性栏中，系统提供了 5 种渐变类型，分别是线性渐变、径向渐变、角度渐变、对称渐变和菱形渐变。

（2）编辑渐变图案如下图所示：

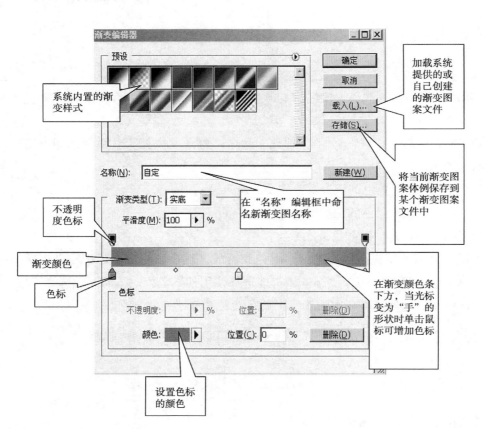

 任务实施

（1）打开素材，使用魔术棒工具选中帽子和衣服，新建一个图层，填充为红色。	
（2）使用魔术棒工具选中头发，新建一个图层，填充为黄色。	
（3）使用魔术棒工具选中头和手，新建一个图层，填充为肉色。	
（4）使用魔术棒工具选中眼睛，新建一个图层，填充为黑色。	
（5）使用魔术棒工具选中帽子上的4个圆圈，新建一个图层，填充为蓝色。	
（6）使用魔术棒工具选中衣领和口袋，新建一个图层，填充为紫色。	

 友情提示

（1）双击色标，可打开"拾色器"对话框，设置色标颜色。

（2）要删除色标时，只需将色标拖出对话框或者在单击选中色标后，再单击"色标"设置区正文的"删除"按钮即可。

（3）在缺省情况下，新增色标的颜色为当前设定的前景色。

 做一做

（1）利用渐变，制作下面立体图形，如下图所示。

（2）利用你所学的知识与工具，制作渐变文字，效果如下图所示。

任务三　修复图像

任务描述

本任务主要学习图章工具、修复画笔工具的使用方法和技巧，利用这些工具可对图像进行复制、修补和擦除等操作。

任务分析

利用仿制图章工具和修复画笔工具对图像进行修复，其效果如图所示。

原图　　　　　　　　　　　　　　　效果图

相关知识

1. 图章工具的使用

在 Photoshop 中，提供了两种图章工具，即仿制图章工具 和图案图章工具 。运用这两种图章工具，可以将选区内的图像或定义的图案复制到当前工作的图像中。

（1）仿制图章工具

要利用仿制图章工具复制图像，必须先准备好原图像和目的图像（或新建图像），并且两种图像的颜色模式必须一致。然后选中仿制图章工具，并勾选属性工具栏上的"用于所有图层"复选框。按住"Alt"键在原图像中的选定位置单击设置参考点，此时鼠标指针将呈 形状，接下来就可以在需要复制的目的图像上进行涂抹。先切换至目的图像，直接在图像上拖动鼠标涂抹即可复制图像，此时在原图像上会出现一个十字形的参考标志，用于指示当前鼠标指针位置对应的原图像中的位置，如图 3-1 所示。

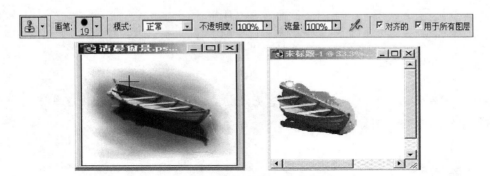

图 3-1　图像的变化

· 对齐的：勾选"对齐的"复选框，表示复制时由参考点处开始复制图像。在复制图像的过程中，无论中间执行了何种操作，重新选择仿制图章工具后，用户均可随时继续复制，而且复制的图像仍是前面所复制的同一幅图像。

· 用于所有图层：默认情况下，取消选择"用于所有图层"复选框的勾选，表示复制图像时只复制当前图层中的图像。若选中该复选框，表示将复制所有层中的图像（以当前显示效果为准）。

（2）图案图章工具

利用图案图章工具 ，可以在图像上连续复制出定义的图案。应用这项功能，用户可以创造出如同地砖一样的整齐排列的图像。

在图案图章工具属性栏中，用户可以选择画笔样式，设置图像的模式、不透明度、对齐等选项。

勾选"对齐的"复选框，表示复制时会将图案整齐地排列在当前图像中。若取消该复选框，则表示复制时每次重新单击都会由参考点重新复制图案，而不考虑是否与前面的图像对齐。

此外，利用图案图章工具，还可以将定义的图案复制到选区内，此时复制的范围将不超过选区。

2. 修复画笔工具和修补工具的使用

利用修复画笔工具和修补工具可以在不改变原图像的形状、光照、纹理等属性的前提下，消除图像上的杂质、刮痕及褶皱。

（1）修复画笔工具修复图像

修复画笔工具 ，通过匹配样本图像和原图像的形状、光照、纹理，使样本像素和周围像素相融合，从而达到自然的修复效果，其工具属性栏如下所示。若选中"取样"单选按钮，其用法和仿制图章工具相类似；若选中"图案"单选按钮，其用法和图案图章工具相类似。

（2）修补工具修复图像

修补工具 ，通过将选择区域图像或样本图像复制到原图像来修复图像。和修复画笔工具一样，修补工具也通过匹配样本图像和原图像的形状、光照、纹理等修复图像。修补工具属性栏如下所示。

如果选中了"目标"单选按钮，选择区域后并拖动，则此区域图像将被复制到新区域。工具属性栏中各选项的含义如下：

· 源：选中该单选按钮，选择区域后并拖动，则此区域图像将被新区域图像覆盖。

· 目标：选中该单选按钮，选择区域后并拖动，则此区域图像将被复制到新区域。

· 使用图案：当选择区域后，该按钮可用。单击"使用图案"按钮，所选样本将被复制到目标区域。

 **任务实施**

（1）打开素材，复制图层，并隐藏背景图层。	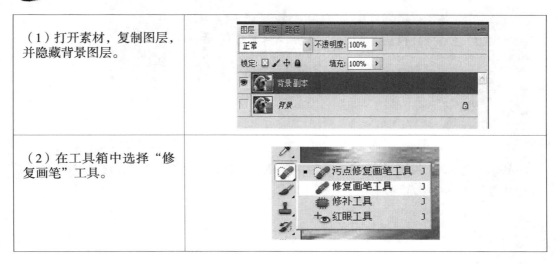
（2）在工具箱中选择"修复画笔"工具。	

（3）设置画笔的修复画笔的大小和硬度。	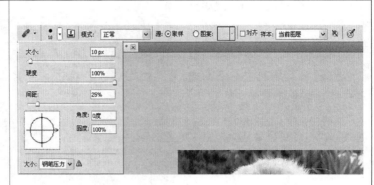
（4）用修复画笔涂抹草坪中的红色小球，得到如图所示效果。	
（5）选择"仿制图章"工具。	
（6）按住"Alt"键，确定取样点，将鼠标定位到目标点，按下鼠标左键拖动，即以取样点（十字光标处）内容代替了目标点（圆形光标处）内容，去掉草坪背景中的红色线条，得到如图所示的效果。	

 **做一做**

　　利用仿制图章工具、画笔修复工具和修补工具的相关功能来对"素材1"和"素材2"进行修复，最终效果如图所示。

素材 1

素材 2

效果图

 友情提示

　　利用仿制图章工具 和图案图章工具 可以对图像进行修复。除此以外，利用定义图案和填充图案也可以对图像进行修饰。

做一做

利用所学知识完成下列练习。

（1）利用素材 1、素材 2 制作如图所示的效果图。

素材 1

素材 2

效果图

（2）给卡通人物海宝上色。

素材

效果图

 学习评价

任务名称	目　标		完成情况			自我评价
			未完成	基本完成	完成	
任务一 绘制图像	知识 目标	能说出画笔工 具的功能				
		能说出铅笔工 具的功能				
	技能 目标	能使用画笔工 具				
	情感 目标	能与小组伙伴 合作				

续表

任务名称	目　标		完成情况			自我评价
			未完成	基本完成	完成	
任务二 卡通图像 上色	知识 目标	能说出油漆桶 工具的功能				
		能说出渐变工 具的功能				
	技能 目标	能使用油漆桶 工具填充图像				
		能使用渐变工 具填充图像				
		能进行图案的 填充				
	情感 目标	能与小组伙伴 合作				
任务三 修复图像	知识 目标	能说出图章工 具的功能				
		能说出修复画 笔工具的功能				
	技能 目标	能使用图章工 具修复图像				
		能使用修复画 笔工具修复图 像				
	情感 目标	能与小组伙伴 合作				

①请同学们根据自己达到的水平在对应的"未完成""基本完成""完成"格中打√。
②请同学们在"自我评价"栏中对任务完成情况进行自我评价

图像的调整

项目描述

　　每当看到色彩斑斓的画面时，我们都不禁赞叹春之碧绿、夏之火红、秋之橙黄及冬之洁白。这些迷人的色彩是怎么来的呢？本项目将一一为你讲解。

　　学习完本项目后，你将能够：

- 记住图像色彩平衡调整的命令；
- 掌握图像色调调整的命令；
- 运用图像整体快速调整的命令；
- 使用特殊调整命令。

任务一　调整色彩

任务描述

当由扫描仪或者其他方式获得的图像质量较差或不符合要求时，可以利用Photoshop 提供的色彩调整功能来对图像进行调整，然后再继续后面的处理。

任务分析

使用"色彩平衡"命令、"色相/饱和度"命令、"替换颜色"命令、"可选颜色"命令、"通道混合器"命令来调整色彩以达到效果。

原始图　　　　　　　　　　　　　　　效果图

相关知识

在 Photoshop 中，用于调整图像色彩平衡的命令主要有"色彩平衡""色相、饱和度""替换颜色"和"可选颜色"等命令。

（1）利用"色彩平衡"命令调整图像的色彩平衡。该命令用于调整图像的色彩平衡，它只作用于复合颜色通道。选择"图像"→"调整"→"色彩平衡"命令即可打开"色彩平衡"对话框，如图 4-1 所示。

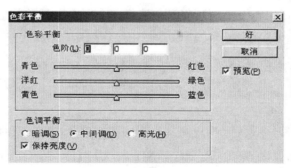

图 4-1 "色彩平衡"对话框

· 色彩平衡：该选项区是调整图像色彩之处，用户可能根据图像对所要增加或减少的色彩进行进一步的调整。

· 暗调、中间调和高光：选中这 3 个单选按钮后，可以方便地选取要着重进行更改的色调范围。

· 保持亮度：勾选该复选框，可以保持图像的亮度，使其不因色彩的变化而改变。

 友情提示

在"色彩平衡"对话框中，用户会发现青色和红色、洋红和绿色、黄色和蓝色遥遥相对（互为补色），这意味着，当红色成分增加时，相对的青色成分会慢慢减少，其他两组颜色同理。可以使用颜色轮来预测更改一个颜色成分时如何影响其他颜色，并了解这些更改如何在 RGB 和 CMYK 色彩模式间进行转换。

（2）利用"色相／饱和度"命令调整图像的色相和饱和度。该命令可以调整图像中单个颜色成分的色相、饱和度和明度。选择"图像"→"调整"→"色相／饱和度"命令，即可打开"色相／饱和度"对话框，如图 4-2 所示。

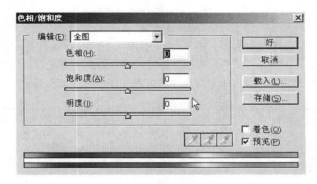

图 4-2 "色相／饱和度"调节对话框

• 吸管工具：在"编辑"下拉列表框中选择"全图"以外的其他选项时，对话框中的 3 个吸管才可以使用。单击 按钮后，在图像窗口中单击，可选中一种颜色作为色彩变化的基本范围；单击 按钮后，在图像窗口单击，可在原有色彩变化范围上加上当前单击的颜色范围；单击 按钮后，在图像窗口中单击，可在原有色彩变化范围上减去当前单击的颜色范围。

• 颜色滑杆：和使用吸管工具一样，在使用颜色滑杆之前也必须在"编辑"下拉列表框中选择除"全图"以外的其他选项，颜色条为颜色样本，下方的颜色条用于观察和设置颜色变化范围。

• 着色：勾选该复选框时，用户会发现"编辑"下拉列表框中的选项无法设置，这是因为着色功能将图像转化为单一色调的缘故。此外，在勾选"着色"复选框后，用户还会发现只有"亮度"的设置不受影响，"色相"和"饱和度"的设置都发生了改变。

（3）利用"替换颜色"命令替换颜色。"替换颜色"命令类似"色相/饱和度"命令，它用于改变指定颜色。选择"图像"→"调整"→"替换颜色"命令，可打开"替换颜色"对话框，（如图 4-3 所示）。

图 4-3　"替换颜色"对话框

 友情提示

颜色容差：拖动"颜色容差"滑块，可以用选取像素的颜色来调整遮罩范围，其值可根据需要随时调整。

•选区与图像：这两个单选按钮用来切换预览图像的方式。选中"选区"单选按钮，可以看到遮罩范围；选中"图像"单选按钮，则可以看到原图的缩图。该选项比较适合用在调整色彩时和调整后的预览图像进行对比的情况下。

•吸管工具 ：该工具用来选取遮罩的范围，只要在窗口中的图像或对话框中的缩图上选择相关的像素，然后再根据颜色容差值调整遮罩的区域即可。若想增加遮罩范围，可以使用 吸管，反之则使用 吸管。另外，在使用吸管工具 的状态下，按住"Shift"键可以增加遮罩范围，按住"Alt"键则可以减少遮罩范围。

•色相、饱和度和亮度：分别拖动"色相""饱和度"和"亮度"滑块，可以对选取好的遮罩范围进行"色相/饱和度"和"亮度"的调节，以作为要更换的色彩效果。

（4）使用"可选颜色"命令校正平衡和调整颜色。选择"可选颜色"菜单可以直接指定要编辑的标准颜色，然后再以 CMYK 印刷四原色来调整各色彩要增加或者减少的颜色。"可选颜色"利用印刷的观念，也就是以墨水的量来调整印刷的颜色。选择"图像"→"调整"→"可选颜色"命令，打开"可选颜色"对话框，如图 4-4 所示。

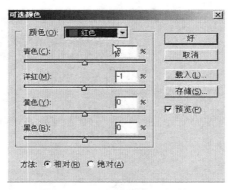

图 4-4　"可选颜色"对话框

对话框中各选项含义如下：

•颜色：在"颜色"下拉列表格中，可以选择要编辑的标准颜色。

•CMYK 印刷四原色的滑块：利用它可以调节标准颜色的设置。

•相对与绝对：这两个单选按钮用来决定色彩值的调整方式。调整时是根据原来的 CMYK 值来调整，也可以以绝对的方式来调整色彩值。例如，某像素的洋红色原来占 40%，选中"相对"单选按钮，增加 10% 的洋红，所增加后的洋红色彩值为 44%；若选中"绝对"单选按钮，同样增加 10% 则洋红色彩的值就增加到 50%。

（5）使用"通道混合器"命令调整颜色通道。选择"图像"→"调整"→"通道混合器"命令，打开"通道混合器"对话框，如图 4-5 所示。在该对话框的"输出通道"下拉列表框中，可以选择指定的通道与当前处理的图像进行合成，产生不同的色彩效果。

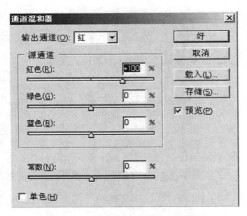

图 4-5 "通道混合器"对话框

 任务实施

为图片调色。

（1）打开"素材\任务一\4-1"，复制图层。	
（2）使用磁性套索工具将衣服选中，羽化1个像素。	
（3）按"Ctrl+J"快捷键，得到新图层，并重新命名为"衣服"。	

（4）按"Ctrl+B"快捷键，将衣服颜色调为浅绿色。	
（5）使用磁性套索工具将皮肤选中，羽化1个像素。	
（6）按"Ctrl+J"快捷键，得到新图层，并重新命名为"皮肤"。	
（7）按"Ctrl+B"快捷键，将皮肤颜色调为肉色。	

（8）使用磁性套索工具将背景选中，羽化 1 个像素。	
（9）按"Ctrl+J"快捷键，得到新图层，并重新命名为"背景"。	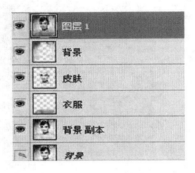
（10）按"Ctrl+B"快捷键，将背景颜色调为浅黄色。	
（11）新建一个图层，执行"盖印"命令。	

（12）选择"图像"→"调整"→"亮度对比度"命令，将图片整体亮度、对比度进行调整。	
（13）选择"图像"→"调整"→"色相饱和度"命令，调整到合适即可。	

 做一做

将素材调整为水中倒影的效果图，如下图所示。

素材　　　　　　　　　　　　效果图

任务二 调整色调

 任务描述

图像色调的调整主要是调整图像的明暗程度。通过本任务的学习，你将能掌握图像色调调整、图像总体快速调整等命令。

 任务分析

使用"色阶"命令、"曲线"命令、"自动色阶"命令、"自动对比度"命令、"自动颜色"命令、"亮度/对比度"命令、"变化"命令、特殊用途的色调和色彩调整命令来调整色彩以达到效果。

 相关知识

1. 图像色调调整命令

（1）使用色阶命令设置高光、暗调和中间调。利用色阶命令可以通过调整图像的暗调、中间调和高光的强度级别，校正图像的色调范围和色彩平衡。选择"图像"→"调整"→"色阶"命令，在打开的"色阶"对话框中，利用滑块或者输入数值的方式调整输入以及输出的色阶值，就可以对指定的通道或者图像的明暗度进行调整，如图4-6所示。

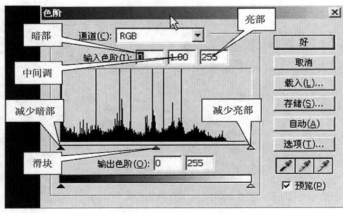

图4-6 "色阶"对话框

其中各选项的含义如下：

• 通道：在该下拉列表中选择所要编辑通道的名称。同一张图像，在不同的通道中可能会有不同的色阶分布图，用户可以针对不同的通道（RGB：红，绿，蓝）进行不同的设置。

• 预览：勾选该复选框，可以立即在图像窗口中看到设置的效果。

• 输入色阶：不论是调整滑块还是直接输入色阶值，都可以达到改变色阶的效果。调整此功能可以使图像中最深的颜色变得更深，最浅的颜色变得更浅。若输入色阶数值由 0 调整为 50，那么表示图像中低于色阶 50 的像素都会变成最深的颜色（最深的颜色色阶值由 "输入色阶" 来决定，默认为黑色），设置后的图像会比原来的图像暗些。

• 输出色阶：该设置决定了图像中明暗度的范围，它可以将图像中的暗部变浅，亮部变深。若将 "输出色阶" 的暗部值变为 51，则表示图像中最暗的部分变为 80%（1~51/255）的黑色。

（2）使用曲线命令调整图像的任意色调。与色阶命令类似，利用曲线命令也可以调整图像的色调。但是曲线命令不是只使用 3 个变量（高光、暗调、中间调）进行调整，而是可以调整 0~255 范围内的任意点，同时保持 15 个其他值不变。同时，也可以使用曲线命令对图像中的个别颜色通道进行精确调整。选择 "图像" → "调整" → "曲线" 命令，打开 "曲线" 对话框，如图 4-7 所示。

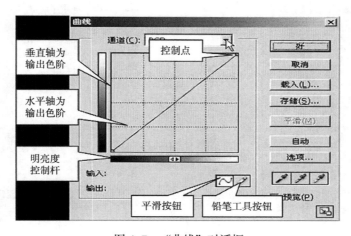

图 4-7　 "曲线" 对话框

各选项含义如下：

• 通道：与色阶对话框中的功能一样，可以直接在 "通道" 下拉列表框中选择需要编辑的通道。

• 曲线图：曲线图的水平轴为输入色阶，垂直轴为输出色阶，而曲线代表了输入色阶和输出色阶的对应关系。调整曲线时，只要直接用鼠标拖动曲线，然后预览图像的效果即可。

• 改变格线的密度：按住"Alt"键不放，然后单击曲线图上的格线，格线就会变得较密，再单击一下就会恢复原态，用户可以根据需要灵活应用。

• 明亮度控制杆：该控制标杆表示了曲线图中明暗度的分布方向。而明暗度的表示方式又分为明亮度的数量（0~255）和墨水浓度（0~100%）两种，如图4-8所示。在调整的过程中，可能根据自己的使用习惯在两种使用方式间切换。切换时，只要在滑杆上单击即可。

图4-8　切换明暗度的表示方式

• 铅笔工具：利用该工具可以做出更多的变化。选择铅笔工具后，直接在曲线图上绘制想要的曲线，如图4-9所示，然后再单击"平滑"按钮，可以使铅笔绘制的曲线平滑，如图4-10所示。

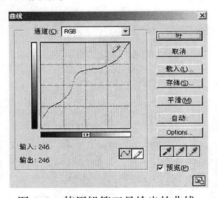　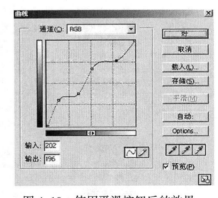

图4-9　使用铅笔工具绘出的曲线　　　图4-10　使用平滑按钮后的效果

2. 图像总体快速调整命令

• 自动色阶命令：通过将每个通道中的最亮和最暗像素定义为白色和黑色，然后按比例重新分配中间像素值，来自动调整图像的暖意度。

• 自动对比度命令：自动调整 RGB 图像中颜色的总体对比度。因为自动对比度命令不能个别调整通道，所以不会引入或消除色偏。它将图像中的最亮和最暗像素映射为白色和黑色，使调光显得更亮，暗调显得更暗。

· 自动颜色命令：通过搜索实际图像来调整图像的对比度和颜色，它根据在自动校正选项对话框中设置的值来中和中间调并剪切白色和黑色像素。

· 亮度 / 对比度命令：是对图像的色调范围进行调整的最简单方法，该命令一次调整图像中的所有像素。

· 变化命令：利用变化命令，用户可直观地调整图像或选区的色彩平衡、对比度和饱和度。

3. 特殊用途的色调和色彩调整命令

· 利用去色命令去除图像彩色：利用去色命令可去除图像中选定区域或整幅图像的色彩，从而将其转换为灰度图。但是此命令并不改变图像的模式。

· 利用反相命令反转图像色彩：使用反相命令可反转图像的颜色，如黑变白，白变黑等，它是唯一不丢失颜色信息的命令，也就是说，用户可再次执行该命令来恢复原图。

· 利用色调均化命令均衡调整图像亮度：该命令可均匀地调整整个图像的亮度色调。在使用此命令时，图像中最亮的像素转换为白色，最暗的像素转换为黑色，其余的像素也相应地进行调整。

· 利用阈值命令将图像转为黑白图像：阈值命令可根据图像的亮度值，将图像转换为黑白两色图像。在"阈值"对话框中可设置的临界值，即亮度值大于该临界值的像素被转换为白色，小于该临界值的像素被转换为黑色。

· 利用色调分离命令对图像的颜色进行分离：色调分离命令和阈值命令类似，该命令也用于减少色调。与阈值命令不同的是，利用该命令只是减少图像中的色调，且可以通过设置适当的值来决定图像变化的剧烈程度，但图像仍为彩色图像。

· 利用渐变映射命令调整图像色调：渐变映射命令将相等的图像灰度范围映射到指定的渐变填充色上。例如，如果指定双色渐变填充，图像中的暗调将映射到渐变填充的一个端点颜色，而高光将映射到另一个端点颜色，中间调将映射到两个端点间的层次。

任务实施

完成翡翠字的颜色调节

（1）打开"素材项目四\任务二\4-2-1"。	
（2）选择"图像"→"调整"→"曲线"命令，设置曲线如图所示。	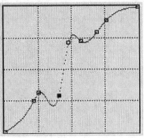
（3）选择"图像"→"调整"→"色彩平衡"命令，分别设置参数如下，即得到如图所示的效果。 暗调（-32，+50，+27）； 中间调（-45，+15，-8）； 高光（-32，+30，-31）。	

 友情提示

自动调整命令	
"自动色阶"命令	将红、绿、蓝3个通道的色阶分布扩展至全色阶范围。这种操作可以增加色彩的对比度，但可能会引起图像偏色
"自动对比度"命令	是以RGB综合通道作为依据来扩展色阶的，因此增加色彩对比度的同时不会产生偏色现象。在大多数情况下，颜色对比度的增加效果不如自动色阶来得显著

"自动颜色"命令	除了增加颜色对比度以外，还将对一部分高光和暗调区域进行亮度合并。最重要的是，它把处在 128 级亮度的颜色纠正为 128 级灰色。正因为这个对齐灰色的特点，使得它既有可能修正偏色，也有可能引起偏色
调整简单的颜色	
"去色"命令	是将彩色图像转换为灰色图像，但图像的颜色模式保持不变
"阈值"命令	是将灰度或者彩色图像转换为高对比度的黑白图像，其效果可用来制作漫画或版刻画
"反相"命令	是用来反转图像中的颜色。在对图像进行反相时，通道中每个像素的亮度值都会转换为 256 级颜色值刻度上相反的值。例如值为 255 时，正片图像中的像素会被转换为 0，值为 5 的像素会被转换为 250
"色调均化"命令	是按照灰度重新分布亮度，将图像中最亮的部分提升为白色，最暗部分降低为黑色
"色调分离"命令	该命令可以指定图像中每个通道的色调级或者亮度值的数目，然后将像素映射为最接近的匹配级别
调整明暗关系	
"亮度 / 对比度"	可以直观地调整图像的明暗程度，还可以通过调整图像亮部区域与暗部区域之间的比例来调节图像的层次感
"阴影 / 高光"命令	能够使照片内的阴影区域变亮或变暗，常用于校正照片内因光线过暗而形成的暗部区域，也可用于校正因过于接近光源而产生的发白焦点
"曝光度"命令	可以对图像的暗部和亮部进行调整，常用于处理曝光不足的照片
矫正图像色调	
"色彩平衡"	可以改变图像颜色的构成。它是根据在校正颜色时增加基本色，降低相反色的原理设计的。例如，在图像中增加黄色，对应的蓝色就会减少；反之就会出现相反效果。打开一幅图像，执行"图像"→"调整"→"色彩平衡"命令，弹出"色彩平衡"对话框中更改各颜色区域的颜色值，可恢复图像的偏色效果
可选颜色	可以校正偏色图像，也可以改变图像的颜色。一般情况下，该命令用于调整单个颜色的色彩比重
转换整体色调	
"照片滤镜"命令	通过模拟在相机镜头前添加彩色滤镜，以便调整通过镜头传输的光的色彩平衡和色温；使胶片曝光，该命令还允许选择预设的颜色，以便向图像应用色相调整

"渐变映射"命令	是将设置好的渐变模式映射到图像中，从而改变图像的整体色调。选择"图像"→"调整"→"渐变映射"命令，弹出对话框，其中"灰度映射所用的渐变"选项，默认显示的是前景色与背景色 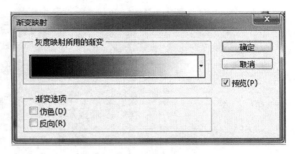
"匹配颜色"命令	可以将一个图像的颜色与另一个图像中的颜色相匹配，也可以使同一文档中不同图层之间的色调保持一致
"变化"命令	是通过显示替代物的缩览图。通过单击缩览图的方式，直观地调整图像的色彩平衡、对比度和饱和度
调整颜色三要素	
"色相 / 饱和度"命令	可以调整图像的色彩及色彩的鲜艳程度，还可以调整图像的明暗程度
"替换颜色"命令	与"色相 / 饱和度"命令中的某些功能相似，它可以先选定颜色，然后改变选定区域的色相、饱和度和亮度值
调整通道颜色	
"色阶"命令	可以调整图像的阴影、中间调和高光的关系，从而调整图像的色调范围或色彩平衡
"曲线"命令	能够对图像整体的明暗程度进行调整
"通道混合器"命令	是利用图像内现有的颜色通道的混合来修改目标颜色通道，从而实现调整图像颜色的目的
其他命令	
"应用图像"命令	可以利用图层的混合模式，将图像的不同图层和图像之间的通道组合成新图像。
"计算"命令	用于混合 2 个来自一个或多个源图像的单个通道，然后可以将结果应用到新图像或新通道以及现用图像的选区

 做一做

（1）调整图像色调。

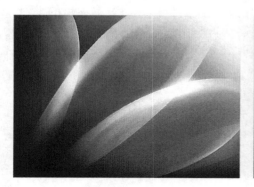

素材（原本为黄色的花）

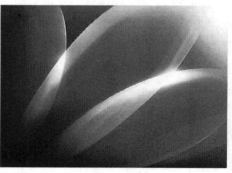

变色一（将素材调整为红色的花）

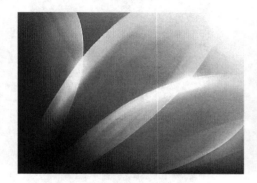

变色二（将素材调整为绿色的花）

变色三（将素材调整为蓝色的花）

（2）做出下列特殊文字的效果。

（黑白图）

（背景为上白下红，文字为上红下绿）

友情提示

图像的色调和色彩调整是平面设计中的一项重要工作。通过本项目的学习，应该掌握各种色调、色彩平衡与特殊效果命令的特点与用法。总的来说，这些命令的作用是纠正过亮、过暗、过饱和或色偏的图像，以及根据需要调整图像的明暗度、对比度或颜色。

 小测试

（1）将素材调为发黄的老照片。

素材图

效果图

（2）将下列素材调为效果图。

素材图

效果图

（3）将下图中黄色的花朵选中后修改成红色的花朵。

 学习评价

任务名称		目　标	完成情况			自我评价
			未完成	基本完成	完成	
任务一 黑白照着色	知识目标	记住调整图像色彩平衡的主要命令				
		能解释图层调板及各功能按钮的作用				
	技能目标	能使用色彩平衡、色相、饱和度、替换颜色和可选颜色等命令调整图像				
	情感目标	养成严谨求实、勤奋学习的态度				
		养成高度的责任心和良好的团队合作精神				
任务二 调整色调	知识目标	记住图像色调调整命令				
	技能目标	能使用曲线命令调整图像的任意色调				
	情感目标	养成严谨求实、勤奋学习的态度。				
① 同学们根据自己达到的水平在对应的"未完成""基本完成""完成"格中打√。 ② 同学们在"自我评价"栏中对任务完成情况进行自我评价						

图形的绘制与编辑

项目描述

理解路径的作用；掌握钢笔工具、路径工具及面板的使用；能运用路径进行图形创作及复杂选区的选取。

学习完本项目后，你将能够：

· 掌握钢笔工具的使用方法及技巧；

· 掌握转换点工具的使用方法及技巧；

· 掌握直接选择工具的使用方法及技巧；

· 掌握路径面板工具的使用方法；

· 掌握形状工具的使用方法及技巧。

任务一　绘制路径

 任务描述

学习钢笔工具的使用方法，掌握转换点工具、直接选择工具的使用方法及技巧。

任务分析

在学习钢笔工具时，首先要认识钢笔工具组、认识属性栏、用钢笔工具绘制直线路径、曲线路径并能够调整方向、直线路径与曲线路径的相互转换、添加锚点与删除锚点、路径的选择。

本任务将利用钢笔工具绘制 M 形、桃心、碗、树叶路径，如下图所示。

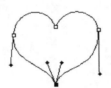

 相关知识

钢笔工具属于矢量绘图工具，其优点是可以勾画平滑的曲线，在缩放或者变形之后仍能保持平滑的效果。钢笔工具画出的矢量图形称为路径，矢量路径允许不封闭，如果把起点与终点重合绘制就可以得到封闭的路径。在 Photoshop 中，使用钢笔工具可以绘制曲线路径、编辑已有的路径曲线，还可以抠图。

认识钢笔工具组 钢笔工具"坐落"在 Photoshop 的工具箱中，鼠标右击钢笔工具按钮可以显示出钢笔工具所包含的 5 个按钮，通过这 5 个按钮可以完成路径的前期绘制工作。	钢笔工具　　　P 自由钢笔工具　P 添加锚点工具 删除锚点工具 转换点工具
用鼠标右击钢笔工具上方的按钮又会出现两个选择按钮，通过这两个按钮结合前面钢笔工具中的部分按钮可以对绘制后的路径曲线进行编辑和修改，完成路径曲线的后期调节工作。	路径选择工具　A 直接选择工具　A

选择钢笔工具后，在菜单栏的下方可以看到钢笔工具的选项栏。钢笔工具有两种创建模式：创建新的形状图层和创建新的工作路径。	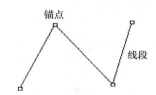
（1）绘制直线路径。 在工具箱中选择钢笔工具（快捷键P），然后在工具选项栏上选择"路径"按钮，用钢笔在画面中任意点击几个点（松开左键），那些锚点之间的线段都是直线，所以称为直线型锚点。	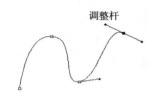
（2）绘制曲线路径。 选中钢笔工具，在画布上单击左键，得到第一个锚点，然后松开左键移动鼠标，再单击左键并按住移动鼠标，直到曲线形状适合时，才松开左键，得到第二个锚点，以此类推，就可以勾勒出一段曲线。	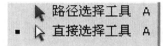
（3）控制曲线的弯曲度。 用"直接选择工具"点取线段，就会出现调整杆，然后按住左键拖动鼠标，就可以改变该条线段的弯曲度。	
（4）曲线与直线之间的转换。 用"转换点工具"单击曲线锚点，则曲线就转换为直线，拖动直线锚点，则直线转换为曲线，并可以改变其弯曲度。	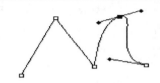

（5）添加锚点与删除锚点。 使用"添加锚点"工具单击线段中需要添加锚点的地方就可以添加锚点；使用"删除锚点"工具单击需要删除的锚点就可以删除锚点。	

（6）路径的选择。 使用"路径选择工具"选择整个路径，然后就可以对路径进行移动、缩放、旋转等操作。	▶ 路径选择工具 A ▷ 直接选择工具 A

 任务实施

钢笔工具的应用

绘制 M 形路径	
绘制桃心路径	
绘制碗路径	
绘制树叶路径	

 友情提示

> 绘制曲线的锚点数量越少越好，因为如果锚点数量增加，不仅会增加绘制的步骤，同时也不利于后期的修改，绘制完路径后按住"Ctrl"键在路径之外任意位置单击，即可完成绘制。

 做一做

（1）在调整路径形状时，转换点工具、直接选择工具结合起来使用，要注意哪些方面？

（2）用钢笔工具勾画卡通人物和太极圈。

卡通人物

太极圈

任务二 使用路径面板

任务描述

本任务介绍了选取路径工具的使用；路径的变形处理；路径面板的使用，包括存储路径、删除路径、复制路径、填充路径、描边路径、更改路径名、转换路径与选区。

任务分析

绘制好的路径曲线都在路径调板中，在路径调板中我们可以看到每条路径曲线的名称及其缩略图，通过路径调板，可以对路径进行填充、描边、选取、保存、选区和路径之间进行相互转换操作。

通过绘制蝴蝶、白鸽实例来学习路径面板的使用，如下图所示。

蝴蝶　　　　　白鸽

相关知识

选择"窗口"→"路径"命令，在 Photoshop 工作界面中显示"路径"调板。通过该调板，用户可以对图像文件窗口中的路径进行填充、描边、选取、保存等操作，并且可以在选区和路径之间进行相互转换操作。

路径面板的使用 （1）存储路径。 使用钢笔工具创建好路径后，单击路径面板右上角小三角，选择"存储路径"命令。在弹出的对话框中输入路径的名称后，单击"确定"按钮即可。	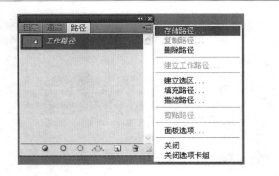
（2）删除路径。 若要删除当前路径，选中路径后，在弹出的菜单中选择"删除路径"命令或者直接将路径拖到路径调板下方的"垃圾桶"图标上即可。	
（3）复制路径。 选中想要复制的路径，在弹出菜单中选择"复制路径"命令，或者直接将路径拖到路径调板下方的"创建新路径"图标上即可。	
（4）更改路径名。 双击路径调板中路径名称部分就会变成输入框，直接输入新的路径名即可。	

（5）转换路径与选区。 勾勒好路径后，可以将路径转换成选区，用鼠标将路径调板中的路径线拖到调板下方的"将路径作为选区载入"图标上，路径包含的区域就变成了可编辑的图像选区。	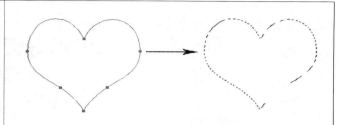
也可将浮动的选区范围转换成为路径。当图像中已存在选区时，单击路径调板底部的"从选区生成工作路径"图标，即可将选区转换为工作路径。	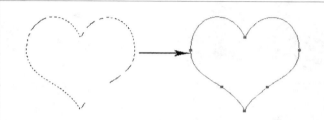
（6）填充路径。 ①用钢笔工具绘制好路径。	
②在路径调板的弹出快捷菜单中选择"填充路径"命令，弹出"填充路径"对话框，设置好参数，单击"确定"按钮。	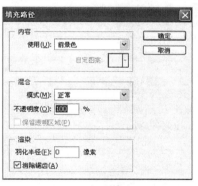
（7）描边路径。 ①用钢笔工具绘制好路径，将前景色设为黑色，单击画笔工具，设置属性为"硬边圆笔"，直径为 3 mm。	

81

②单击路径调板中的"用画笔描边路径"按钮，执行"描边路径"。

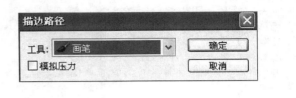

任务实施

（1）蝴蝶实例。 ①用钢笔工具绘制好蝴蝶的路径，新建图层，将前景色设为黑色，单击画笔工具，设置属性为"硬边圆笔"，直径为 6 mm。	
②单击路径调板中的"用画笔描边路径"按钮，执行"描边路径"。	
（2）白鸽实例。 ①用钢笔工具绘制好白鸽的路径。新建图层，将前景色设为黑色，单击画笔工具，设置属性为"硬边圆笔"，直径为 4 mm。	
②单击路径调板中的"用画笔描边路径"按钮，执行"描边路径"。	

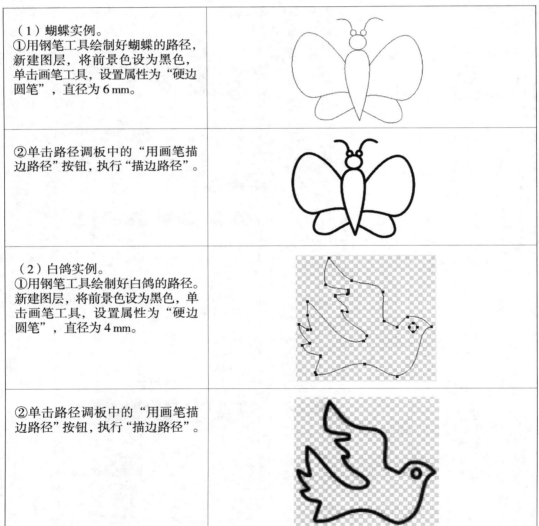

③ 将前景色设为白色，单击路径调板中的"用前景色填充路径"按钮，执行填充路径。	

友情提示

　　使用路径可以勾勒出优美的弧线，制作精确的选区。掌握路径曲线的绘制方法后可以成为 Photoshop 绘图高手，无需昂贵的数位板，只需用鼠标就可以完成高精度的数字图像设计处理工作。虽然一开始使用路径工具可能会感觉到困难重重，但只要掌握这种工具，就会发现它强大的功能。

做一做

（1）用钢笔工具绘制青蛙图。

青蛙图

（2）将窗户素材和小狗素材拼合成效果图。

素材

效果图

任务三　使用形状工具

任务描述

认识自定义形状工具；能够使用形状工具绘制矩形、圆角矩形、椭圆、多边形、直线；能够利用自定义形状工具进行创作。

任务分析

本任务将通过吊牌签名的制作来学习形状工具的使用。

利用 Photoshop 提供的形状工具，可以方便地绘制很多漂亮的图形、路径。形状工具包括：矩形工具、圆角矩形工具、椭圆工具、多边形工具、直线工具和自定形状工具，单击钢笔工具 Photoshop 上方会出现它的属性栏。

椭圆工具　多边形工具　直线工具

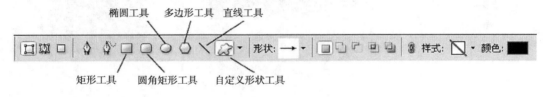

矩形工具　　圆角矩形工具　　自定义形状工具

也可以单击工具箱上的形状工具按钮，快捷键是字母 U。

 相关知识

在工具箱中单击形状工具，然后在属性栏中单击"形状图层"按钮。	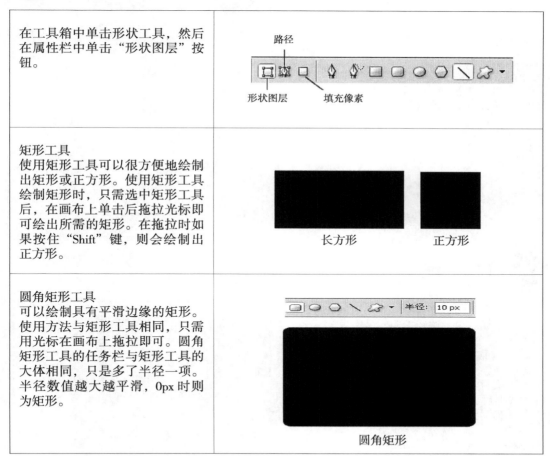
矩形工具 使用矩形工具可以很方便地绘制出矩形或正方形。使用矩形工具绘制矩形时，只需选中矩形工具后，在画布上单击后拖拉光标即可绘出所需的矩形。在拖拉时如果按住"Shift"键，则会绘制出正方形。	
圆角矩形工具 可以绘制具有平滑边缘的矩形。使用方法与矩形工具相同，只需用光标在画布上拖拉即可。圆角矩形工具的任务栏与矩形工具的大体相同，只是多了半径一项。半径数值越大越平滑，0px 时则为矩形。	

椭圆工具 使用椭圆工具可以绘制椭圆，按住"Shift"键可以绘制出正圆。	 椭圆　　　　　　圆
多边形工具 使用多边形工具可以绘制正多边形，在属性栏中输入边数即可。	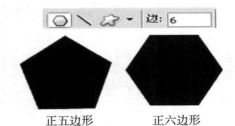 正五边形　　　　正六边形
直线工具 单击直线工具，设置不同的参数，就可以绘制粗细、大小不同的直线、箭头、双向箭头等。	

 任务实施

使用形状工具和路径来制作吊牌签名。 （1）新建文件 1 024×1 024 像素，分辨率为 300，模式为 RGB，打开素材文件"ps 项目五、六素材\项目五\任务三\jpg\蓝天白云.JPG"与"ps 项目五、六素材\项目五\任务三\jpg\人物.JPG"，用移动工具将素材移动到新文件中，调整好大小和位置。	

（2）单击矩形选框工具，框选图片中的人物，调整好大小和位置，选择"选择"→"反向"命令，执行反选操作，按"Del"键，删除反选部分，按"Ctrl+D"快捷键取消选取。

（3）单击"添加图层样式"按钮，对"图层2"执行投影、内阴影、斜面和浮雕效果，参数采用默认参数。

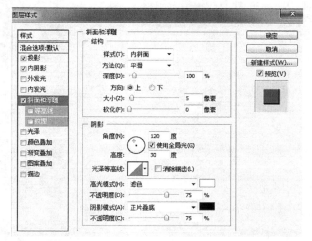

（4）选椭圆选框工具，在左上角按住"Shift"键画正圆，按"Shift+Enter"快捷键载入选区，按"Delete"键删除。

（5）选自定义形状工具，选择"三叶草"，拖动鼠标勾画叶子形状的路径，新建图层，按"Ctrl+Enter"快捷键载入选区，前景色设为绿色，填充前景色，并把叶子移动到适当的位置。

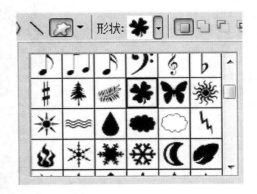

（6）单击"添加图层样式"按钮，对"图层3"执行投影、内阴影、斜面和浮雕效果，参数采用默认参数。

（7）选椭圆工具，在左上角按住"Shift"键画正圆，按"Shift+Enter"快捷键载入选区，按"Delete"键删除。

（8）选画笔工具，前景色设为蓝色 #3f8d44、画笔 45PX，设置角度 45°，圆度 45%，间距 137%。

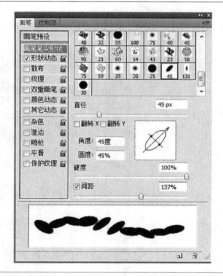

（9）在图层 2 上方新建图层 4，然后在图层 4 中画出串珠链，在图层 1 上方新建图层 5，然后在图层 5 中画出串珠链，单击"添加图层样式"按钮，分别对图层 4、图层 5 执行投影、内阴影、斜面和浮雕效果，参数采用默认参数。

 友情提示

在使用形状工具时，注意形状图层、形状路径、形状填充这三种不同方式的运用，在用到路径时注意一定要选形状路径。

 做一做

（1）形状工具有哪些种类？

（2）使用形状工具可以绘制哪些形状？

（3）自定义形状如何使用？

（4）用钢笔工具和形状工具绘制夜晚图片。

夜晚

 小测试

本实例主要是通过钢笔工具、选框工具和图层样式的综合使用，打造了一对精致的"海豚顶珠"宝石耳坠，适合练习 PS 路径的勾画以及图层样式的灵活运用。

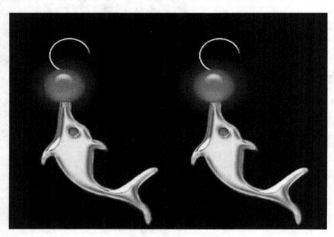

效果图

 学习评价

任务名称	目　标		完成情况			自我评价
			未完成	基本完成	完成	
任务一 使用钢笔工具	知识目标	认识钢笔工具组中各个工具				
	技能目标	会设置每种工具的属性				
		能绘制直线、曲线和曲线路径				
		能实现曲线与直线之间的转换				
	情感目标	具有勤奋好学的学习态度				
任务二 使用路径面板	知识目标	认识路径面板				
	技能目标	能存储、删除、复制、填充、描边路径				
		能更改路径名、转换路径与选区				
		能绘制蝴蝶实例				
	情感目标	培养团队合作意识				
任务三 使用形状工具	知识目标	认识形状工具的种类				
	技能目标	能用形状工具绘制各种图形				
	情感目标	具有勤奋好学的学习态度				

① 同学们根据自己达到的水平在对应的"未完成""基本完成""完成"格中打√。
② 同学们在"自我评价"栏中对任务完成情况进行自我评价

文字处理

项目描述

  无论在何种视觉媒体中，文字和图片都是其两大构成要素，文字的排列组合直接影响着版式的美观和信息穿透力。Photoshop中文字工具的应用和文字的设计能增强视觉传达的效果，提高作品的诉求力，赋予版面审美价值，本项目主要学习文字工具运用技巧。

  学习完本项目后，你将能够：

- 掌握文字工具的使用方法；
- 掌握文字属性的设置；
- 掌握几种特效字的制作方法、技巧；
- 掌握文字的转换变形处理。

任务一 文字的创建与排版

 任务描述

本任务主要学习文字工具的种类、属性的设置，包括字体、字号、锯齿、对齐方式、颜色、变形、段落排版。

 任务分析

制作闪光字时采用了图层样式，包括投影、内阴影、内发光、斜面和浮雕，画笔形状的设置。制作火焰字时采用了风滤镜、波纹等命令，如下图所示。

原始图　　　　　　　　　　　　　效果图

原始图　　　　　　　　　　　　　效果图

 **相关知识**

（1）文字工具的种类：文字工具组包括4种文字，即横排文字工具、直排文字工具、横排文字蒙板工具、直排文字蒙板工具。
• 横排文字工具：可输入横排文字。
• 直排文字工具：可输入直排文字。
• 横向文字蒙板工具：可输入横排文字选区。
• 直排文字蒙板工具：可输入直排文字选区。

T	■ **T** 横排文字工具	T
	IT 直排文字工具	T
	T 横排文字蒙版工具	T
	IT 直排文字蒙版工具	T

（2）属性栏的各项设置。

①设计字体，单击右边的下拉按钮，可以在这里选择任意一款系统字库中的字体。

②设计字体大小，单击右边的下拉按钮，可以在这里选择合适的字体大小，也可以手动输入直接修改数值。

③设计字体锯齿方法，这里分5种方法，即消除锯齿无、消除锯齿锐化、消除锯齿明晰、消除锯齿浑厚、消除锯齿平滑。

④对齐方式，分为左对齐、居中和右对齐3种方式。

⑤设置文字颜色，可以根据需要选择任意一种颜色。

⑥创建变形文字，里面有16种文字变形，单击图标，弹出界面。

⑦字符和段落调板。

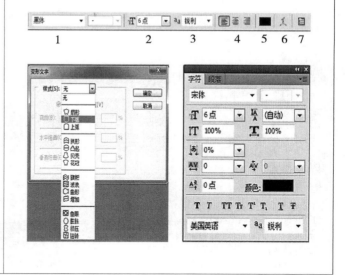

 任务实施

（1）制作闪光字。

①创建新的画布800×400像素，将前景色设为#FFAAF8，按"Alt+Del"快捷键填充前景色。单击横排文字工具，设置字体为黑体，字号为30，颜色为#FF1FED。

②单击"图层"→"图层样式"→"混合选项"，投影—混合模式：正常，颜色：#FF53F1。

• 内阴影—混合模式：正常，颜色：#FFFFFF。

• 内发光—混合模式：正常，颜色：#FF53F1。

• 斜面和浮雕—样式：内斜面，高光模式：颜色。

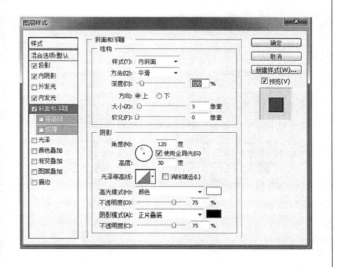

③文字效果如图所示。	我的梦中国梦
④创建新的图层，设置前景色为 #FFFFFF，单击画笔工具，在选项窗口中单击主直径右侧的箭头标志，选择"星光"画笔，修改主直径大小，在画布上绘制一些大小不一的星星，添加闪光效果。	我的梦中国梦
（2）制作火焰字 ①创建新的画布 800×400 像素，分辨率为 300，模式为 RGB，背景色为黑色，按"Ctrl+Del"快捷键填充背景色。单击横排文字工具，设置字体为黑体，字号为30，颜色为白色，栅格化文字。用魔术棒工具单击文字，保存选区。	火焰字
②选择"图像"→"图像旋转"→"逆时针旋转90°"命令，效果如图所示。	
③选择"滤镜"→"风格化"→"风"命令，方法：风，方向：从右，按两次"Ctrl+F"快捷键。	

④选择"图像"→"图像旋转"→"顺时针旋转90度"命令，选择"滤镜"→"扭曲"→"波纹"命令，数量为125%。	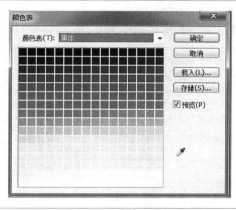
⑤选择"图像"→"模式"→"索引颜色"命令，选择"图像"→"模式"→"颜色表"命令，选择黑色。	
⑥载入选区（选择→载入选区），选择"选择"→"反选"命令，前景色设为白色，按"Alt+Del"快捷键，填充前景色。	

 友情提示

　　在文字排版时，文字在作品中出现的位置应考虑到全图布局，过小则不能突出重点信息，过大则可能喧宾夺主，主次不分。

 **做一做**

　　（1）文字工具有哪些种类？

　　（2）利用文字工具和钢笔工具制作61卡通文字。

效果图

任务二　转换文字

任务描述

能够将文字选区转换为路径，然后对路径形状进行变形调整，从而制作特效文字。

任务分析

在广告宣传中经常使用变形后的文字，以增强视觉传达效果，提高作品的感染力。在 Photoshop 中文字变形可以通过文字变形、自由变换、转换为形状、转换为路径，然后加工变形等方式来实现。

本任务将完成"心相印"效果文字的制作，如下图所示。

心相印

原始图

效果图

相关知识

（1）文字变形。 ①新建 600×400 像素，模式为 RGB，分辨率为 300 像素／英寸的文件，单击横排文字工具，在画布上输入"变形文字"，大小为 30，字体为黑体。 ②单击"创建文字变形"按钮，弹出对话框，从中选择"拱形"。	[变形文字对话框图] 变形文字 样式(S): 拱形 确定　取消 ● 水平(H)　○ 垂直(V) 弯曲(B): +50 % 水平扭曲(O): 0 % 垂直扭曲(E): 0 % 变形文字
（2）自由变换文字。 ①新建 600×400 像素，模式为 RGB，分辨率为 300 像素／英寸的文件。单击横排文字工具，在画布上输入"自由变形文字"，大小为 30，字体为黑体。 ②选择"图层"→"栅格化"→"文字"命令，将文字图层转换为图像图层。按"Ctrl+T"快捷键进行自由变换，自由变换操作包括：透视、缩放、旋转、扭曲等。	

（3）转换为形状。 ①新建 600×400 像素，模式为 RGB，分辨率为 300 像素／英寸的文件。单击横排文字工具，在画布上输入"转换为形状"，大小为 20，字体为黑体。	**转换为形状**
②选择"图层"→"文字"→"转换为形状"命令，将文字图层转换为形状图层。	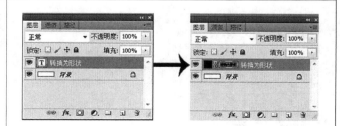
③文字转换为形状后，切换到路径面板，对路径进行编辑修改，可改变路径的形状。	转换为形状
④将路径转换为选区。按"Ctrl+h"快捷键隐藏路径，切换到图层面板，新建一个图层，对选区进行渐变填充。	转换为形状

 任务实施

文字的转换综合应用 （1）新建 640×480 像素，模式为 RGB，分辨率为 300 像素／英寸的文件，单击横排文字工具，在画布上输入"心相印"，大小为 38，字体为黑体，颜色为 #00913e。	**心相印**
（2）选择"图层"→"文字"→"转换为形状"命令，将文字图层转换为形状图层。	心相印

（3）单击"路径"选项卡，切换到路径面板，单击路径，用"直接选择工具"对路径进行编辑修改。	
（4）单击"将路径作为选区载入"按钮，将路径转换为选区，切换到图层面板，新建一个图层，按"Alt+Del"快捷键填充前景色。	

 做一做

（1）文字的转换变形处理方法和技巧有哪些？

（2）手工制作霓虹字。

效果图

 小测试

制作个性纸片折叠文字的效果：首先是字体的选择及变形处理，然后把文字转为形状，再按折叠原理对文字局部作变形处理，最后就是折叠处的阴影制作及整体质感渲染。

效果图

 学习评价

任务名称	目　标		完成情况			自我评价
			未完成	基本完成	完成	
任务一 文字的创建与排版	知识目标	认识文字工具的种类				
		熟悉属性栏的各项设置				
	技能目标	会文字的转换综合应用				
		能制作特效文字				
	情感目标	具有勤奋好学的学习态度				
任务二 转换文字	知识目标	知道创建工作路径的方法				
	技能目标	能把文字转换成各种艺术形状				
		能制作个性纸片折叠文字效果。				
	情感目标	培养审美能力				
① 同学们根据自己达到的水平在对应的"未完成""基本完成""完成"格中打√。 ② 同学们在"自我评价"栏中对任务完成情况进行自我评价						

图层的应用

项目描述

Photoshop 的图层、路径以及通道功能，在创作图像和处理图像时，让其他软件鞭长莫及。什么是图层？

学习完本项目后，你将能够：

· 了解图层的概念；

· 熟悉图层面板；

· 掌握图层的基本操作；

· 能使用图层混合模式处理图片；

· 会使用图层样式。

任务一　操作图层

 任务描述

为了方便图像的制作、处理与编辑，将图像中的各个部分独立起来，对任何一个部分的编辑都不会影响其他部分，把这些独立的部分称为图层。

可以把图层想象成是一张一张叠起来的透明胶片，每张透明胶片上都有不同的画面，叠在一起就构成一幅复杂的图像；改变图层的顺序和属性可以改变图像的最后效果。通过对图层的操作，使用它的特殊功能可以创建很多复杂的图像效果。

 任务分析

操作图层首先要认清图层面板。在 Photoshop 中，"图层"面板是一个相当重要的工作调板，对图层的操作可以通过"图层"面板和"图层"菜单来实现。

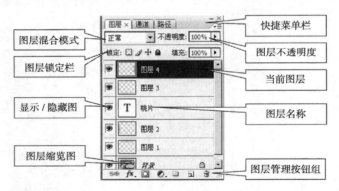

本任务利用素材图片制作出如下建筑效果图，完成对图层的各种操作。

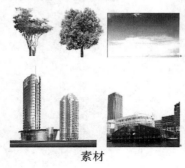

素材　　　　　　　　　　　　效果图

友情提示

图层类型主要有以下几种：

· 普通图层：即图层，用于存放图像信息，是完全透明的。

· 背景图层：位于图像最下层且不透明的一种专门被用作背景图像的特殊图层，一幅图像只包括一个背景图层。

· 文本图层：在使用文字工具为图像添加文字时自动创建的一种图层。

· 调整图层：调节其下所有图层中图像的色调、亮度、饱和度等。

· 效果图层：当为图层应用图层效果后，在图层面板上，该层右侧出现效果层图标，表示该图层为一个效果层。

 相关知识

1. 图层基础操作

创建图层	（1）通过"图层"调板创建普通图层。 （2）通过主菜单命令创建普通图层。	
复制图层	（1）使用"移动工具"，按住"Alt"键，拖动，可以复制产生新图层。 （2）将图层从一个文件拖放到另一个文件，可以复制产生新图层。 （3）如果图层中有选区，按"Ctrl+C"，"Ctrl+V"快捷键可以复制产生新图层。 （4）拖拽图层到下方的新建图标上，可以复制图层	
删除图层	（1）将其拖到图层面板下方的"删除图层"按钮 上。 （2）右击要删除的图层，在弹出的快捷菜单中选择"删除图层"。 （3）选中要删除的图层后，执行"图层"→"删除"→"图层"命令，也可删除图层	

移动图层	（1）拖动要移动的图层到指定的位置后松开鼠标即可。 （2）利用"图层"→"排列"子菜单中的相应菜单项也可调整图层的叠放顺序	图像的显示和图层的叠放顺序有着密切的关系。相同的图层，其图层叠放顺序不同，显示出来的图像效果也不同
图层重命名	鼠标指向要重命名的图层名称并双击，在框中删除原来的图层名称，输入新的图层名称，确认即可	

2. 图层的基本操作

图层是 Photoshop 应用的重点学习内容。Photoshop 中的图像可以由多个图层和多种图层组成，在设计过程中可以利用图像锁定图层、调整图层排列顺序、显示与隐藏图层从而制作不同的效果。

锁定图层	▢ 锁定透明度 ✏ 锁定图像编辑 ✚ 锁定位置 🔒 锁定全部	将图层的某些编辑功能锁住，可以避免不小心将图层中的图像损坏。在图层调板中的"锁定"后面提供了4种图标 ▢✏✚🔒，可用来控制锁定不同的内容
调整图层排列顺序（移动图层）	在"图层"调板中将鼠标移到要调整顺序的图层上，按住鼠标左键并拖曳至适当的位置。当上线变黑后，松开鼠标就可以完成图层的叠放顺序调整。另外，也可以通过执行"图层"→"排列"命令来实现同样的操作	
图层的显示与隐藏	（1）当眼睛图标显示时，表示这个图层是可见的。 （2）当眼睛图标不显示时，表示这个图层是不可见的（隐藏）	

3. 图层的高级操作

链接图层	单击 图标可链接或取消链接图层	链接图层含义是指在不合并图层的前提下，将图像中其他的图层与当前图层关联起来。
合并图层	向下合并	将当前图层合并到下方的图层中，其他图层保持不变。
	合并可见图层	将图像中所有显示的图层合并，而隐藏的图层则保持不变。
	拼合图像	将图像中所有显示的图层拼合到背景图层中。

任务实施

利用素材图片制作出建筑效果图。

（1）新建文件，色彩模式为 RGB 模式，分辨率为 300 像素 / 英寸，具体设置如图所示。	
（2）打开"项目七\任务 1\天空 .jpg"图片，并复制到新建文件的背景图层上方。	
（3）打开"项目七\任务 1\建筑 1.jpg"图片，并复制到"天空"图片上方。	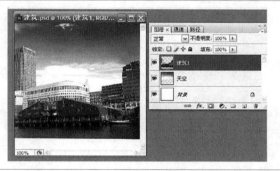
（4）打开"项目七\任务 1\树 1.jpg"图片，并复制到"建筑 1"图片上方。	

（5）将"树1"图片复制副本，并调整图像位置。	
（6）打开"项目七\任务1\树2.jpg"图片，并复制到"树1副本"图层上方。	
（7）将"项目七\任务1\建筑2.jpg"图片复制到"树2"图片上方。	
（8）在"建筑2"上方新建"图层1"，并添加"图层蒙版"，用"渐变工具"进行渐变填充。将该图层移动到"建筑2"的下方，并保存为"建筑广告图.psd"。	

 做一做

为建筑效果图添加倒影效果。

提示：将用到图层复制、变换、滤镜→扭曲→玻璃等进行必要的参数设置。

效果图

任务二 图层的混合模式

 任务描述

使用混合模式可以创建各种特殊的效果。使用方法非常简单，只要选中要添加混合模式的图层，然后在图层面板的混合模式菜单中选择所需要的效果。注意，图层没

有"清除"混合模式，Lab 图像无法使用"颜色减淡""颜色加深""变暗""变亮""差值"和"排除"等模式。

在菜单选项栏中指定的混合模式可以控制图像中的像素的色调和光线，应用这些模式之前我们应考虑：基色，是图像中的原稿颜色。混合色，是通过绘画或编辑工具应用的颜色。结果色，是混合后得到的颜色。

 任务分析

本任务通过为图片添加艺术效果，完成对图层混合模式的应用，如下图所示。

原图

效果图

 相关知识

1. 图层混合模式有以下几种：

正常模式	正常模式也是默认的模式。不和其他图层发生任何混合	
溶解模式	溶解模式产生的像素颜色来源于上、下混合颜色的一个随机置换值，与像素的不透明度有关	

变暗模式	考察每一个通道的颜色信息以及相混合的像素颜色，选择较暗的作为混合的结果。颜色较亮的像素会被颜色较暗的像素替换，而较暗的像素就不会发生变化	
正片叠底	考察每个通道里的颜色信息，并对底层颜色进行正片叠加处理。其原理和色彩模式与"减色原理"是一样的。这样混合产生的颜色总是比原来的要暗。如果和黑色发生正片叠底的话，产生的就只有黑色。而与白色混合就不会对原来的颜色产生任何影响	
颜色加深	让底层的颜色变暗，有点类似于正片叠底，不同的是，它会根据叠加的像素颜色相应增加底层的对比度。和白色混合没有效果	
线性加深	同样类似于正片叠底，通过降低亮度，让底色变暗以反映混合色彩。和白色混合没有效果	
变亮模式	与变暗模式相反，比较相互混合的像素亮度，选择混合颜色中较亮的像素保留起来，而其他较暗的像素则被替代	
屏幕模式	按照色彩混合原理中的"增色模式"混合。也就是说，对于屏幕模式，颜色具有相加效应	

颜色减淡	与 ColorBurn 刚好相反，通过降低对比度，加亮底层的颜色来反映混合色彩。与黑色混合没有任何效果	
线性减淡	类似于颜色减淡模式。但是通过增加亮度来使底层颜色变亮，以此获得混合色彩。与黑色混合没有任何效果	
叠加模式	像素是进行 Multiply（正片叠底）混合还是 Screen(屏幕)混合，取决于底层的颜色。颜色会被混合，但底层颜色的高光与阴影部分的亮度细节就会被保留	
柔光模式	变暗还是提亮画面的颜色，取决于上层颜色的信息	
强光模式	正片叠底或者是屏幕混合底层的颜色，取决于上层颜色	
线性光模式	如果上层颜色（光源）的亮度高于中性灰（50% 灰），则用增加亮度的方法使得画面变亮，反之用降低亮度的方法使画面变暗	
饱和度模式	决定生成颜色的参数包括：底层颜色的明度与色调，上层颜色的饱和度。按这种模式与饱和度为 0 的颜色混合（灰色），不产生任何变化	

| 明度模式 | 决定生成颜色的参数包括：底层颜色的色调与饱和度，上层颜色的明度。该模式产生的效果与 Color 模式刚好相反，它根据上层颜色的明度分布来与下层颜色混合 |  |

2. 设置方法

在图层面板左上角选择下拉列表中的各项，即为各图层混合模式的效果。

 任务实施

给图片添加艺术效果。

（1）新建一个文件，高与宽都是 800 像素 / 英寸。分辨率为 300，模式为 RGB，背景为白色。	
（2）在背景层上填充颜色（R：227，G：135，B：5）。	
（3）打开"项目七\任务二\图 7-2-3"。	
（4）复制并粘贴到建好的文件中，产生图层 1，调整图层 1，露出四周的背景色来。	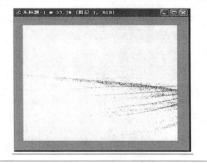

（5）打开"图层"选项卡下面有"正常"两字的下拉菜单，选中"正片叠底"。	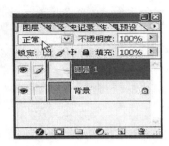
（6）效果如图所示。 分析：图层1中黑色的部分仍然是黑色，而浅灰色的部分没有了，只是把背景层的橙色加深了。正片叠底这种混合模式，会以下层为基础，把上层的颜色融合上去；而颜色很深的部分，会完全显示自己的颜色。	
（7）打开"项目七\任务二\图7-2-7"。	
（8）把图2复制并粘贴到文件上来，产生图层2，设置图层2的混合模式为"正片叠底"。	

（9）效果如图所示。

分析：马是黑色的，而背景是白色的，在经过正片叠底之后，白色完全不见了。

白色对下层的颜色没有任何的影响。

（10）打开"项目七\任务二\图7-2-10"。

（11）把它复制并粘贴到文件中，产生图层3。

按"Ctrl+T"快捷键，把它放大到与文件一样的大小。按住"Alt"键，拉它的边线，可以保持中心，两边同时变大或变小。

（12）按"Ctrl+I"快捷键，反相，成为中间黑色，四周白色。

（13）把图层3的混合模式改成"滤色"。

跟正片叠底不同，四周白色的部分被保留下来，而中间的黑色部分却消失了，露出了下层的颜色。

白色与黑色之间的灰色，现在把下层的颜色减淡了一些。

友情提示

正片叠底的特性	"滤色"的特性
白色，对下层没有影响，好像是透明一样	黑色，对下层没有影响，好像是透明一样
灰色，会使下层的颜色加深	灰色，会让下层的颜色变得浅一些
黑色，完全保留黑色	白色，完全保留白色
总体是保留下层的颜色	总体是保留下层的颜色
总是以下层的颜色为基础	总是以下层的颜色为基础

做一做

将钓鱼城风景画变成水墨画。

提示：本任务将用到"去色""反相""模糊"→"高斯模糊""图层混合模式"→"线性减淡""色阶"等命令。

原图

效果图

任务三 图层的样式

任务描述

图层样式可以帮助用户快速地应用各种效果，还可以查看各种预定义的图层样式，使用鼠标即可应用样式，也可以通过对图层应用多种效果创建自定义样式。当图层应用样式后，在图层调板中图层名称的右边会出现 图标。

打开"图层样式"对话框的方法有以下几种：

①双击"图层"控制面板中要应用图层样式的图层。

②单击"图层"控制面板右上角的按钮 ，从弹出的快捷菜单中选择"混合选项"菜单项。

③选择"图层"→"图层样式"下拉菜单中相应的选项。

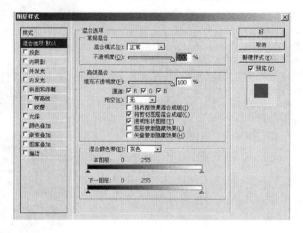

任务分析

本任务通过制作水珠的效果，学习图层中各种图层样式的操作。

原图

效果图

相关知识

投影	可以给图层内容添加投影效果，投影效果可以看为一个光源照射平面对象的效果	**投影** **投影**
内阴影	将在对象、文本或形状的内边缘添加阴影，让图层产生一种凹陷外观，内阴影效果可以看成是光源照射球体的效果，内阴影效果对文本对象效果更佳	**内阴影** **内阴影**
外发光	将从图层对象、文本或形状的边缘向外添加发光效果	**外发光**
内发光	将从图层对象、文本或形状的边缘向内添加发光效果。可以将其想象为一个内侧边缘安装有照明设备的隧道的截面，也可以理解为一个玻璃棒的横断面，这个玻璃棒外围有一圈光源	**内发光**
斜面与浮雕	利用"斜面和浮雕"样式，可以制作具有立体感的图像或浮雕文字	
等高线	"斜面和浮雕"样式中的等高线容易让人混淆，因为在对话框右侧和左侧都有"等高线"设置。对话框右侧的"等高线"是"光泽等高线"，这个等高线只会影响"虚拟"的高光层和阴影层，而对话框左侧的等高线则是用来为对象（图层）本身赋予条纹状的效果。这两个"等高线"混合作用时，经常会产生一些让人不太好琢磨的效果	
纹理	纹理用来为层添加材质，其设置比较简单。首先在下拉框中选择纹理，然后对纹理的应用方式进行设置	

颜色叠加	其作用相当于为层着色，也可以认为这个样式在层的上方加了一个混合模式为"普通"、不透明度为100%的"虚拟"层
渐变叠加	"渐变叠加"和"颜色叠加"的原理是完全一样的，只不过"虚拟"层的颜色是渐变的而不是平板一块
图案叠加	可以使一种图案覆盖原来图像中的颜色
光泽	光泽（Satin）有时也译作"绸缎"，用来在层的上方添加一个波浪形（或者绸缎）效果
描边	描边样式很直观简单，就是沿着层中非透明部分的边缘描边

 任务实施

制作水珠效果。

本例制作画面中滴满水珠的图像，主要应用图层中的混合选项、投影、内阴影、内发光、斜面和浮雕等图层样式。

（1）打开"项目七\任务三\水珠.jpg图像"，新建图层1，使用尖角画笔工具绘制黑色圆点。	
（2）双击图层1，打开图层样式对话框，选择混合选项，调整填充不透明度为10%。	

（3）勾选投影复选框，设置投影颜色为暗红色（167,51,92），不透明度为60%，角度为30°，距离为2像素，扩展为0%，大小为3像素。

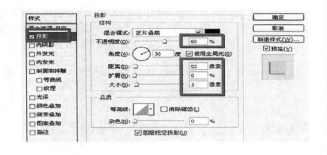

（4）勾选"内阴影"复选框，将混合模式调整为颜色加深，颜色设置为黑色，不透明度为12%，距离、阻塞、大小值如图所示。

（5）勾选"内发光"复选框，设置混合模式、不透明度，颜色为黑色，如图所示。

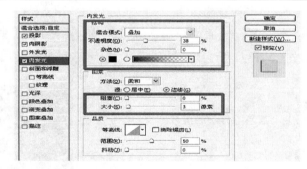

（6）勾选"斜面和浮雕"复选框，设置深度为164%，角度、高光模式和阴影模式设置分别如图所示。

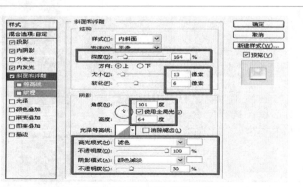

（7）单击"确定"按钮，使用橡皮擦工具适当擦除图像边缘。	

制作一个金属发光字。

提示：本任务将用到"斜面和浮雕""外发光""投影"等命令。

 友情提示

为指定图层设置不透明度的方法有以下几种：

方法 1：在"图层"调板的"不透明度"选项中输入数值，或拖动"不透明度"弹出式滑块。

方法 2：用鼠标双击图层缩览图，弹出"图层样式"对话框，在"混合选项"中的"不透明度"选项中输入数值，或拖动"不透明度"滑块。

方法 3：选择"图层"→"图层样式"→"混合选项"命令，打开"图层样式"对话框进行设置。

方法 4：在"图层"调板菜单中选择"混合选项"命令，打开"图层样式"对话框进行设置。

知识窗

图层混合选项的设置

图层样式混合选项中需要进行常规混合、高级混合、混合颜色带三方面的设置。

1. 常规混合

"常规混合"包括"混合模式"和"不透明度"两项。这两项是调节图层最常用到的、最基本的图层选项。它们和"图层"调板中的"图层混合模式"和"不透明度"是一样的。在没有更复杂的图层调整时，通常会在"图层"调板中进行调节。无论在哪里改变图层混合模式和图层的不透明度，该两项在"常规混合"选项和"图层"调板中都会同步改变。

（1）设置图层混合模式

图层的混合模式决定其像素如何与下面图层像素进行混合。使用混合模式可以创建各种特殊效果，其各选项功能可详见图层混合模式。

（2）设置图层不透明度

图层的不透明度决定它覆盖或显示下面图层的程度。不透明度为 0% 的图层是完全透明的，可完全显示下面图层的内容；而不透明度为 100% 的图层则完全不透明，将完全覆盖下面图层的内容；不透明度为 50% 的图层为半透明，将半透明显示下面图层的内容。

 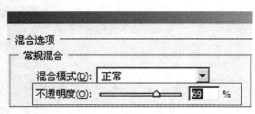

2. 高级混合选项

高级混合选项能精确地控制图层混合，可以创建新的、有趣的图层效果。在高级混合选项中，可以对图层进行更多的控制，高级混合部分包括填充不透明度、限制混合通道、挖空选项和分组混合效果。

（1）填充不透明度

只对图层发生变化，而不影响图层样式。

"填充不透明度"只影响图层中绘制的像素或形状，对图层样式和混合模式却不起作用，它和"图层"调板中的"填充"是一样的；而对混合模式、图层样式和图层内容同时起作用的是"常规混合"中的"不透明度"。这两种不同的不透明度选项可以将图层内容的不透明度和其图层样式的不透明度分开处理。

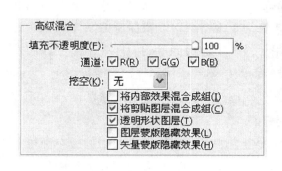

（2）限制混合通道

在混合图层或图层组时，可以将混合效果限制在指定的通道内，未被选择的通道被排除在混合之外。默认情况下，混合图层或图层组时包括所有通道。通道选择因所编辑的图像类型而异。如果是编辑 RGB 图像，则通道选择为 R、G 和 B。如果是编辑 CMYK 图像，则通道选择为 C、M、Y 和 K。用这种分离混合通道的方法可以得到非常有趣、有创意的效果。例如，在使用 RGB 图像时，可选取从混合中排除红色通道；在复合图像中，只有包含在绿色和蓝色通道中的信息受影响。

（3）挖空选项

"挖空"选项可以指定哪些图层是"穿透"的，以使其他图层中的内容显示出来。例如，可以使用文本图层挖空颜色调整图层，以使用原稿颜色显示图像的局部。

要创建挖空效果，需要确定哪个图层将创建挖空的形状、哪些图层将被穿透以及哪个图层将显示出来。如果希望显示背景以外的图层，可以将要使用的图层放在图层组中。

"挖空"选项有两三个类型选择：

无：不应用挖空效果。深和浅将会一直穿透到背景层，没有区别。

浅：挖空到第一个可能的停止点，效果能看到序列下面相邻的一个图层。

深：效果将一直深入到背景层。如果没有背景，则会挖空到透明区域。

（4）分组混合效果

默认情况下，剪贴蒙版中的图层使用编组中最底层图层的混合模式与下层图层混合。也可以选取只将最底层图层的混合模式应用于该图层，以便保持剪贴图层原来的混合外观。还可以将某图层的混合模式应用于修改不透明像素的图层效果（例如内发光或颜色叠加），同时不改变只修改透明像素的图层效果（例如外发光或投影）。

①将内部效果混合成组：将图层的混合模式应用于修改不透明像素的图层效果，例如，内发光、缎光整理、颜色叠加和渐变叠加。

②将剪贴图层混合成组：可将基底图层的混合模式应用于剪贴组中的所有图层。取消选择此选项（该选项默认情况下总是选中的）可保持原有混合模式和组中每个图层的外观。

③透明形状图层：可将图层效果和挖空限制在图层的不透明区域。取消选择此选项（该选项默认情况下总是选中的）可在整个图层内应用这些效果。

④图层蒙版隐藏效果：可将图层效果限制在图层蒙版所定义的区域。

⑤矢量蒙版隐藏效果：可将图层效果限制在矢量蒙版所定义的区域。

3. 混合颜色带

根据图像的亮度值设置透明度。按住"Alt"键拖动滑块可以让亮度平稳过渡。

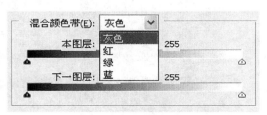

图层混合模式是从"纵向"上控制本图层与下面图层的混合方式，那么指定混合图层的色调范围就是从"横向"上控制图层相互影响的方式。它不但可以控制本图层的像素显示，还可以控制下一图层的显示。首先在"混合颜色带"下拉菜单中选择混合颜色通道的范围。灰色将混合全部通道，大多数时候，要混合图像的全部通道，所以这个选项被设为默认值，也可以从下拉菜单中选择单个通道。

灰色渐变条代表了图像中的像素亮度级别，从 0 ~ 255。可以控制黑色和白色的滑块来控制本图层和下一图层中的可见像素的范围。

任务四　图层的编辑

任务描述

Photoshop 中的图像可以由多个图层和多种图层组成。在设计过程中，可以利用图像锁定图层、调整图层排列顺序、图层的显示与隐藏的操作制作不同的效果。

在 Photoshop 中，可以对图像进行颜色的调整和编辑。在图层章节里，可以通过添加调整图层的操作，实现颜色的改变，并且对图像原信息不作任何的改变。

图层链接后，可以将一个或几个链接的图层自动排列在目标图层的顶部、底部、左侧、右侧和中间，并且可以创建一个特殊图层组，由底图控制上面图层的形状，得到许多特殊的效果。

任务分析

利用图层组等操作完成对"图片文字"的制作。

效果图

相关知识

链接图层	链接图层含义是指在不合并图层的前提下将图像中其他的图层与当前图层关联起来。操作方法是，按住"Ctrl"键单击需要链接的图层，单击面板底部的"链接图层"按钮，特点是建立了链接的图层，可以对链接层上的对象进行缩放、自由变换和移动等操作。解除链接：与添加链接的方法相同
合并图层	要将图层合并可以选取"图层"菜单或"图层"调板菜单中的相应命令即可。合并图层的常用菜单命令有"向下合并""合并可见图层"和"拼合图像"，各命令的功能分别如下： • 向下合并：可以将当前图层合并到下方的图层中，其他层保持不变。使用此命令合并时，需要将当前图层的下一图层设为显示状态。该命令的快捷键为"Ctrl + E"。 • 合并可见图层：可将图像中所有显示的图层合并，而隐藏的图层则保持不变。该命令的快捷键为"Shift+Ctrl + E"。 • 拼合图像：可将图像中所有显示的图层拼合到背景图层中。如果图像中没有背景图层，将自动把拼合后的图层作为背景图层；如果图像中含有隐藏的图层，将在拼合过程中丢弃隐藏的图层。在丢弃隐藏图层时，Photoshop 会弹出提示对话框，提示用户是否确实要丢弃隐藏的图层

图层的转换	普通图层和背景图层相互转换	普通图层转换为背景图层	选中图层,选择"图层"→"新建"→"图层背景"命令。前置条件:图像文件中无背景图层
		背景图层转换为普通图层	在图层调板中双击背景图层,打开新图层对话框,根据需要设置图层选项,单击"确定"按钮
	文本图层转换为普通图层	方法1	选中文本图层,选择"图层→栅格化→文字"命令
		方法2	右击文本图层,选择"栅格化图层"
填充图层	Photoshop 中有 3 种填充图层,分别是纯色、渐变和图案		
调整图层	调整图层可以调节其下所有图层中图像的色调、亮度和饱和度等,即对图像进行颜色校正和色调调整		
对齐图层	对齐链接图层		将需要对齐的图层先进行链接,然后选择链接图层中的任意一层,在移动工具下即可对齐图层。对齐的基准图层为当前所选择的图层。对齐的依据是所选择的图层存在像素的最左端、水平中点、最右端像素以及最顶端、垂直中点、最底端像素
	对齐选择的多个图层		选择多个图层,在同时选择了需要对齐的多个图层后,在移动工具下,图层对齐功能可用。这种方式没有对齐的基准层,它是以所选择图层中存在着像素的最左端像素、最右端像素、最左至最右存在像素的水平中点位置以及最顶端像素、最底端像素、最顶至最底存在像素的垂直中点为对齐依据的

图层编组	选择"图层"→"新建"→"组"命令,打开新建组对话框。设置名称、颜色等,单击"确定"按钮,即可增加一个空白的图层组。用鼠标拖动其他图层放在组上,则拖入的图层都将作为图层组的子层	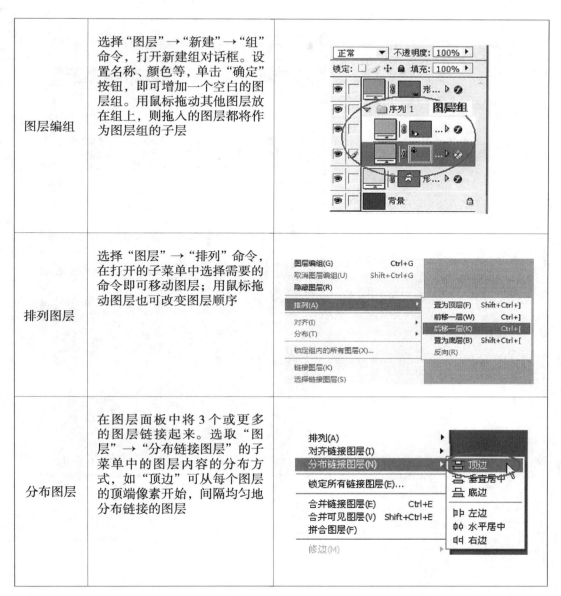
排列图层	选择"图层"→"排列"命令,在打开的子菜单中选择需要的命令即可移动图层;用鼠标拖动图层也可改变图层顺序	
分布图层	在图层面板中将 3 个或更多的图层链接起来。选取"图层"→"分布链接图层"的子菜单中的图层内容的分布方式,如"顶边"可从每个图层的顶端像素开始,间隔均匀地分布链接的图层	

 **任务实施**

制作"图片文字"。

（1）新建一个名为"图片文字",大小为 400×300 像素的 RGB 图像文件（其他为默认）。

（2）用文字工具输入"图片文字"，字体为"华文隶书"，字号为"100"点。	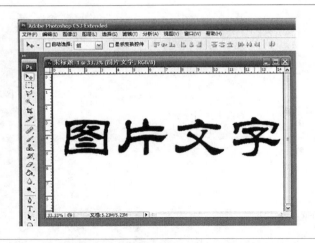
（3）打开文件"项目七\任务 4\4-2.jpg"。	
（4）对"图层 1"和"图片文字"层进行编组，即可得到图片文字。	

 做一做

（1）设计制作桃片广告图。

（2）制作奥运五环图。

桃片广告图

奥运五环图

 ## 学习评价

任务名称	目标		完成情况			自我评价
			未完成	基本完成	完成	
任务一 操作图层	知识 目标	能说出图层的基本概念				
		能解释图层调板及各功能按钮的作用				
	技能 目标	完成图层基本操作				
	情感 目标	养成严谨求实、勤奋学习的态度				
		养成高度责任心和良好的团队合作精神				
任务二 图层的混合模式	知识 目标	归纳图层混合模式的作用				
	技能 目标	能区分各混合模式的不同特点				
		能使用丰富的图层混合模式创建各种特殊效果				
	情感 目标	养成严谨求实、勤奋学习的态度				
任务三 图层的样式	知识 目标	列举各种图层样式的特点				
	技能 目标	能对图层选项进行设置				
		能使用常见的图层样式				
		能用图层样式对图片进行修饰				
	情感 目标	培养科学思维方式和判断分析问题的能力				

续表

任务名称	目 标		完成情况			自我评价
			未完成	基本完成	完成	
任务四 图层的编辑	知识 目标	认识图层的合并、编组、会对一些特殊图层进行栅格化				
	技能 目标	能进行图层的编辑				
		能使用合并图层的各种方法				
	情感 目标	具有一定的科学思维方式和判断分析问题的能力				

① 同学们根据自己达到的水平在对应的"未完成""基本完成""完成"格中打√。
② 同学们在"自我评价"栏中对任务完成情况进行自我评价

通道和蒙版的应用

项目描述

对一幅图像中的某一部分像素进行处理时,可以通过创建选区的方法来解决。但是,如果只想对一幅图像中某一个颜色分量进行处理,就不能利用选区单独修改这些像素的某个颜色分量。这时,就要使用通道和蒙版。

在 Photoshop CS4 处理图像的过程中,通道和蒙版是非常重要的概念,它们起着举足轻重的作用,用户掌握了通道的特点及用法,就能够制作一些图像特技效果。

学习完本项目后,你将能够:

· 概述通道和蒙版的概念;

· 使用通道面板;

· 对通道进行建立、删除、复制、拆分、合并等操作;

· 使用通道和蒙版进行抠图。

任务一　操作通道

 任务描述

通道是用来保存图像文件颜色信息的地方。图像是由不同原色组成的，在 Photoshop 中，这些原色的数据信息是被分开保存的，我们把保存这些原色信息的数据带称为颜色通道，简称为通道。加上蒙版后，可以让用户在复杂的情况下控制整个图像或者部分图像的颜色、透明度。

通道依据每一个图像的色彩模式，分别将各色彩以灰阶颜色保存在不同的通道上。例如，对于 CMYK 颜色模式，在彩色印刷过程中，要用 4 种颜色的胶片来套印，它们分别是：青色（C）、洋红色（M）、黄色（Y）以及黑色（K）。单张胶片的颜色都是很暗淡、模糊的，但是只要把 4 张胶片叠放在一起套印，一张色彩鲜艳、画面清晰的图像就诞生了。

第一类通道是用来存储图像色彩信息的，这些通道是默认的。

另一类通道是用来存储图像的选区，这些通道是附加的，一般又称为 Alpha 通道。另外，还有一类专色通道，它可以让用户直接在 Photoshop 里输出专色，而不需要另外制作灰度的通道来制作特别色彩效果等。

 任务分析

利用通道可以：查看图像的颜色信息；控制及调整图像的颜色；制作和处理特殊选区；存储选区；制作图像特效和文字特效。

本任务通过通道抠出单色背景图片，如下图所示。

原图

效果图

相关知识

通道是存储不同类型信息的灰度图像。常用来调整图像的颜色、创建和保存选区，是一种较为特殊的载体。

如图片里"红色"占多少，"绿色"占多少，"蓝色"占多少，这只表示色彩信息，所以它们都是用黑白表示，越黑的地方色彩就越重，反之越少。

对通道的操作主要是通过"通道"控制面板进行，在通道控制面板中有"新建通道""复制通道""删除通道"等按钮命令。

新建通道	用于新建一个通道
复制通道	用于复制当前通道
删除通道	用于删除当前通道
新专色通道	用于在 Alpha 通道的基础上新建一个单色的通道
合并专色通道	用于将当前的几个专色通道合并为一个通道
通道选项	用于设置通道的各个参数，包括通道的名称、颜色及透明度等
分离通道	用于将 RGB、CMYK 通道分离，分成各个颜色的通道
合并通道	用于将分离的通道合并成一个 RGB、CMYK 等通道或一个新的通道
调板选项	用于设置调板的各个参数。主要用于调整调板的缩略图大小

1.RGB 颜色模式和 CMYK 颜色模式的图像通道原理图解

CMYK 颜色模式

RGB 颜色模式

2. 通道的分类

颜色通道	含有颜色信息的通道。颜色通道是在用户新建和打开图像时自动创建的。 颜色信息通道包括单色通道和复合通道。 图像的颜色模式决定了所创建的颜色通道的数目，如打开一幅RGB颜色模式的图像，其通道数量就是一个RGB复合通道加红、绿、蓝3个单色通道，共4个通道	
Alpha 通道	Alpha通道的主要功能是保存和编辑选区，一些在图层中不易得到的选区都可以通过灵活使用Alpha通道来创建	
专色通道	在进行颜色较多的特殊印刷时，除了默认的颜色通道外，用户还可以创建专色通道。专色是用特殊的预混油墨来替代或补充印刷色（CMYK）油墨，且每一个专色通道都有相应的印版。在打印输出一个含有专色通道的图像时，必须先将图像模式转换到多通道模式下才可以。专色通道在"通道"面板中的表现形式	

 友情提示

（1）专色：即在印刷上不能使用CMYK印出来的颜色，这时需要调制出来。比如说金色，CMYK不能表现出很漂亮的金色，所以就出一个专色来印。专色印的方法是和其他色印的方法是一样的，可以这样理解，就是印刷的时候换了一种特殊的油墨印上去。

（2）每一个图层都是一个单独的图像，而通道则只是图像中的某一颜色的集合，并不是一个完整的图像。

（3）一个图像中最多可包含 24 个通道（包括缺省颜色通道和 Alpha 通道），Alpha 通道存放的既不是图像也不是颜色，而是选取区域，其中的白色表示选取区域、黑色为非选取区域。

（4）只有支持图像颜色模式的模式存储的文件，才会保留颜色通道。当图形以photoshop、PDF、TIFF、PSB、或 Raw 格式存储文件时，才会保留 Alpha 通道。Dcs 2.0格式只保留专色通道。

通道面板各部分的作用如下：

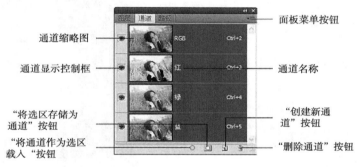

 **任务实施**

利用通道抠单色背景图片。

（1）打开项目八/项目一/8-1-7。	

（2）打开通道面板，观察RGB各通道的明暗度对比，选择明暗度对比高（人物与背景反差大的）的通道进行复制，这里选择蓝色通道进行复制。	
（3）在蓝色复制通道上用路径工具勾取人物主体（也可以用选择工具勾取人物主体）。	
（4）按"Ctrl+Enter"快捷键变成选区后，并羽化，数值设定为5。	
（5）把选区填充为黑色，并取消选择。	

（6）按"Ctrl+L"快捷键调出色阶，用色阶调整明暗对比度。	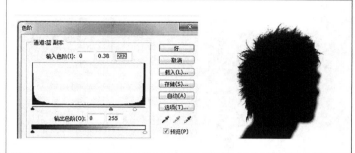
（7）按"Ctrl"键，点选复制的蓝色通道，调出选区回到图层面板调背景层，按"Ctrl+C"快捷键复制选区内容。新建一个图层，按"Ctrl +V"快捷键粘贴选取内容。	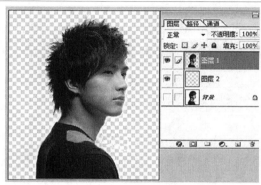
（8）删除背景层，一个完整的人物就抠出来了。	

 做一做

（1）为什么不用选取工具直接勾取本例人物图像？

（2）练习把右面图片的佛像从背景中抠出来。

137

任务二　操作 Alpha 通道

 任务描述

　　Alpha 通道是计算机图形学中的术语，指的是特别的通道，意思是"非彩色"通道，主要用来保存选区和编辑选区。Photoshop 中的 Alpha 通道除了可以保存颜色信息，还可以保存选区信息，在进行图像的编辑时，单独创建的新通道都称为 Alpha 通道。

 任务分析

　　Alpha 通道在 Photoshop 中具有独特的作用，用于保存选区或建立存储蒙版。利用 Alpha 通道可以制作出许多独特的效果。新建的 Alpha 通道是黑色的，用户可以用画笔或其他可改变颜色的工具对其进行编辑。在使用 Alpha 通道时，要特别注意 Alpha 通道中的白色部分，因为在 Alpha 通道中，白色部分代表选区（黑色的部分就是非选区）。

　　Alpha 通道的优点是：可用 Alpha 通道长久地保存选区；可用画笔、色阶、滤镜、变换等手段修改选区；柔和选区。

　　本任务通过制作透明字来学习 Alpha 通道的操作。

 相关知识

　　尽管在 Photoshop 中，有多种办法来选择图像的不同区域，比如使用魔棒工具、颜色范围或是提取命令，但在这里，我们要使用另一种很有用的方法——分析图像的单个通道来查找建立选区。由于选区是直接从通道蒙版数据得到的，所以，用这种方法得到的选区通常远比用其他方法得到的选区精确得多。它包含了细节和精确性的色阶。

　　Alpha 通道是一个 8 位的灰度通道，该通道用 256 级灰度来记录图像中的透明度信息，定义透明、不透明和半透明区域，其中黑表示全透明，白表示不透明，灰表示半透明。

 任务实施

　　制作透明字。

（1）打开一幅图像，选择"文字"工具，在其选项栏中设置文字的大小和字体，在图像中输入文字，并移动到适当位置。	
（2）将文字图层转换为普通图层：选择文字图层，选择"图层"→"栅格化"→"文字"命令。	
（3）创建文字选区：按住"Ctrl"键的同时单击文字所在图层的缩览图，得到文字选区。	

139

（4）存储选区：选择"选择"→"存储选区"命令，在弹出的对话框中单击"确定"按钮，则将选区保存到一个新的 Alpha1 通道中；

重复该步操作，将选区再保存到另一个通道 Alpha2；按"Ctrl+D"快捷键，取消文字选区，并删除文字图层。

（5）打开"通道"面板，选择 Alpha2 通道，选择"滤镜"→"其他"→"位移"命令，分别将水平和垂直偏移量设置为 3 和 4，其他选项保持默认，单击"确定"按钮。

单击"通道"面板的 RGB 通道，单击"选择"→"载入选区"，在弹出的对话框中选择 Alpha1 通道，以"新选区"方式载入文字选区；再单击"选择"→"载入选区"，在弹出的对话框中选择 Alpha2 通道，方式为"从选区中减去"，则载入 Alpha2 选区将把与 Alpha1 选区重叠的部分减掉。

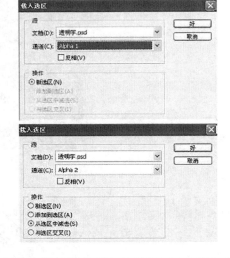

（6）选择"图像"→"调整"→"亮度"→"对比度"命令，将"亮度"值设为 +100，用于制作透明字凸出的亮度部分。

（7）单击"通道"面板的RGB通道，单击"选择"→"载入选区"，在弹出的对话框中选择Alpha2通道，以"新选区"方式载入文字选区；再单击"选择"→"载入选区"，在弹出的对话框中选择Alpha1通道，方式为"从选区中减去"，则载入Alpha1选区将把与Alpha2选区重叠的部分减掉。

（8）选择"图像"→"调整"→"亮度"→"对比度"命令，将"亮度"值设为–100，用于制作透明字凸出的阴影部分。

（9）取消选区，完成透明字的制作。

友情提示

通过把文字选区存在两个 Alpha 通道中，把另一个 Alpha 中的选区位移，让两个选区有交叉部分，分别用两个选区相减，得出不同的交叉部分，再调整两个交叉部分的明暗部，得出透明字。

做一做

参照实例，以下图为背景图片，把自己的姓名做成透明字。

任务三　蒙版的使用

 任务描述

通过前面的学习我们可以制作出一些不错的画面，但这时的图像称不上完美。实际上，只有熟悉了蒙版的功能后，才会知道什么叫真正意义上的图像合成，才会发现能将许多不可能变成可能。

蒙版就是一个遮罩，是浮在图层之上的一块挡版，它本身不包含图像数据，只是对图层的部分数据起遮挡作用，当对图层进行操作处理时，被遮挡的数据将不会受影响。比如油漆工人在广告版上面喷漆，那么他们就会先用一块镂空有字的纸版或塑料版盖在广告牌上，然后喷漆。把纸版或塑料版拿开之后，就会看到广告牌上有喷好的字了。那么这块纸版或塑料版的作用就是蒙版。

原理：蒙版是将不同灰度色值转化为不同的透明度，并作用到它所在的图层，使图层不同部位透明度产生相应的变化。黑色为完全透明，白色为完全不透明（黑色区域代表隐藏的图像部分，白色区域代表被显示的图像）。

 任务分析

其实蒙版是传统印刷行业的一个术语。简单地说，蒙板就是用来保护部分图像，留下其他部分供修改。我们先撇开软件操作，模拟一下现实中蒙版的操作。

蒙版主要用于指定图像中操作或被保护的区域，当对图像的其余区域进行处理时，蒙版区域内的图像不发生变化。也可以只处理蒙看区域，而不改变图像的其他部分。

1. 优点

（1）修改方便，不会因为使用橡皮擦或剪切删除而造成不可返回的遗憾；

（2）可运用不同的滤镜，以产生一些意想不到的特效；

（3）任何一张灰度图都可用来作为蒙版。

2. 作用

（1）用来抠图；

（2）作图的边缘淡化效果；

（3）图层间的融合。

 相关知识

　　蒙版是合成图像的一项重要功能。通过创建和编辑蒙版可以合成出各种图像效果，并且不会使图像受损。

图层蒙版	图层蒙版可以理解为在当前图层上面覆盖一层玻璃片，这种玻璃片有：透明的、半透明的、完全不透明的。然后用各种绘图工具在蒙版上（即玻璃片上）涂色（只能涂黑白灰色），涂黑色的地方蒙版变为透明的，看不见当前图层的图像。涂白色则使涂色部分变为不透明可看到当前图层上的图像，涂灰色使蒙版变为半透明，透明的程度由涂色的灰度深浅决定
剪切蒙版	剪切蒙版也属于图层类蒙版，是将某一图层作为基底图层，并通过该层像素的不透明度控制剪贴图层组内所有图层的显隐。这类蒙版的显著特点是：作为蒙版的图层位于所有被遮挡图层的最下面，而不是最上面，这和我们的习惯理解有点不同
矢量蒙版	矢量蒙版就是形状蒙版，最大的好处就是能自由变换形状，比如抠图时的路径，可以保存为矢量蒙版，便于以后调节。 矢量蒙版是用路径来控制目标图层的显隐。封闭区域内对应的目标图层将被显示，封闭区域外对应的目标图层将被隐藏。对于一些复杂交叉的路径，可参照奇偶缠绕的规则判断某一区域是否属于被封闭的区域。当我们为某一图层增加矢量蒙版后，在相应图层的后面也会增加一个矢量蒙版标识符，但这并不是矢量蒙版本身，要想查看真正的矢量蒙版，需在路径调版中方可

 任务实施

（1）打开"项目八\任务 三\图8-3-1"。	

（2）做一张镂空字的纸板。	
（3）把镂空了的"植树节"几个字纸板放在图片上。	
（4）用有色颜料在镂空了字的纸板上喷色。	

| （5）移开镂空的纸板。 |  |

大家看到原有图片没有受到损坏。而图片和镂空纸板的重叠部分已发生了变化，这就是蒙版的作用。本模拟实验中的纸板就相当于一个蒙版。

 友情提示

在 Photoshop 中，蒙版包括快速蒙版、图层蒙版、矢量蒙版和剪贴蒙版。

 知识窗

（1）蒙版实际上是一个特殊的选择区域。从某种程度上讲，它是 Photoshop 中最准确的选择工具，利用蒙版可以自由、精确地选择形状、色彩区域。

（2）蒙版也是一种遮盖工具，它可以分离和保护图像的局部区域。当用蒙版选择了图像的一部分时，没有被选择的区域就处于被保护状态，这时再对选取区域运用颜色变化、滤镜以及其他效果时，蒙版就能隔离和保护图像的其余区域，同时还可以将颜色或滤镜效果逐渐运用到图像上。

 **做一做**

蒙版分为哪几类？

任务四 运用蒙版

 任务描述

在使用 Photoshop 等软件进行图形处理时，常需要保护一部分图像，以使它们不受各种处理操作的影响，蒙版就是这样的一种工具。它是一种灰度图像，其作用就像一张布，可以遮盖住处理区域中的一部分。当我们对处理区域内的整个图像进行模糊、上色等操作时，被蒙版遮盖起来的部分就不会受到改变。

当蒙版的灰度色深增加时，被覆盖的区域会变得愈加透明，利用这一特性，我们可以用蒙版改变图片中不同位置的透明度，甚至可以代替"橡皮"工具在蒙版上擦除图像，而不影响到图像本身。

 任务分析

Photoshop 蒙版具有如下优点：

（1）修改方便，不会因为使用橡皮擦或剪切删除而造成不可返回的遗憾；

（2）可运用不同的滤镜，以产生一些意想不到的特效；

（3）任何一张灰度图都可用来作为蒙板。

本任务通过 4 个实例操作来理解蒙版。

相关知识

1. 快速蒙版

快速蒙版模式使用户可以将任何选区作为蒙版进行编辑，而无需使用"通道"调板，在查看图像时也可如此。将选区作为蒙版来编辑的优点是几乎可以使用任何 Photoshop 工具或滤镜修改蒙版。例如，如果用选框工具创建了一个矩形选区，可以进入快速蒙版模式并使用画笔扩展或收缩选区，或者也可以使用滤镜扭曲选区边缘。也可以使用选区工具，因为快速蒙版不是选区。

从选中区域开始，使用快速蒙版模式在该区域中添加或减去蒙版。另外，也可完全在快速蒙版模式中创建蒙版。受保护区域和未受保护区域以不同颜色进行区分。当离开快速蒙版模式时，未受保护区域成为选区。

当在快速蒙版模式中工作时，"通道"调板中出现一个临时快速蒙版通道。但是，所有的蒙版编辑是在图像窗口中完成的。

PS 快速蒙版几个基本作用：一是抠图；二是保护图层局部不被整体滤镜影响，或不被其他操作影响；三是应用于图层之间的合并效果。

开启快速蒙版有几种方式：

方式 1：在菜单 选择选项里 选择"快速模板"。

方式 2：单击工具箱最下方快速蒙版模式和标准模式切换的按钮 （快捷键"Q"），进入快速模板方式。

2. 图层蒙版

除了通过 Alpha 通道以及快速蒙版来制作蒙版以外，在图层中也可以建立蒙版。使用图层蒙版的好处是可以在不影响图像的前提下，对图像的显示区域做进一步的编辑处理。

（1）建立图层蒙版的方法有两种：一是单击"图层"菜单下的添加图层蒙版；二是使用图层面板上的 建立图标。

（2）在图像中具有选择区域的状态下，在通道面板中单击 按钮，可以为选择区域以外的图像部分添加蒙版。如果图像中没有选择区域，单击 按钮可以为整个画面添加蒙版，如下图所示。

（3）在建好的图层蒙版上单击右键，在弹出的快捷键菜单中可选择停用、删除图层蒙版等选项。

（4）在当前图像文件中添加了蒙版后，用菜单方式关闭、删除和应用蒙版。

关闭图层蒙版	图层/停用图层蒙版	图层面板中添加的蒙版将出现红色的交叉符号。此时"停用图层蒙版"命令变为"启用图层蒙版"命令
删除图层蒙版	图层/移去图层蒙版/扔掉	图像将还原在没有设置蒙版之前的效果
应用蒙版	图层/移去图层蒙版/应用	可以应用蒙版保留图像当前状态，同时图层面板中的蒙版被删除

3. 矢量蒙版

矢量蒙版的定义：顾名思义就是可以任意放大或缩小的蒙版。

矢量蒙版是通过形状控制图像显示区域的，它仅能作用于当前图层。

矢量蒙版中创建的形状是矢量图，可以使用钢笔工具和形状工具对图形进行编辑修改，从而改变蒙版的遮罩区域，也可以对它任意缩放而不必担心产生锯齿。

矢量蒙版的建立如下：

（1）单击"图层"→"矢量蒙版"再单击里面显示全部。

（2）按快捷键"Alt+L+V+R"建立。

4. 剪切蒙版

剪贴蒙版是使用处于下方的基底图层的形状来显示上方内容图像的一种蒙版，可以应用于多个相邻的图层中。

创建剪切蒙版时要有两个图层，对上面的图层创建剪切蒙版后，上面的图层只显示下面的图层的形状，用下面的图层剪切上面的图层，即上面的图层只显示下面图层范围内的像素。创建剪切蒙版的方法如下：

（1）单击"图层"→"创建剪切蒙版"。

（2）按快捷键"Alt+Ctrl+G"建立。

任务实施

1. 用快速蒙版抠荷花

（1）打开"项目八\任务四\图8-4-1"。	
（2）按"Q"键进入快速蒙版状态，使用黑色画笔工具在荷花上涂抹。	
（3）细心涂抹到红色完全覆盖了要抠出的对象后，按"Q"键退出编辑。	
（4）按"Delete"键，删除背景，荷花成功抠出。	

2. 用图层蒙版合成图像

（1）合成后效果图。	
（2）打开"项目八\任务四\图 8-4-6"。	
（3）打开"项目八\任务四\图 8-4-7"。	
（4）把图 8-4-7 作为图层放入图 8-4-6 中，置于顶层。	

（5）对顶层图层添加图层蒙版后，在蒙版中拉取一个黑白渐变，即完成合成。

3. 用矢量蒙版合成图像

（1）打开"项目八\任务四\图8-4-10"。	
（2）用钢笔工具勾勒出荷花的形状。	
（3）按"F2"键使路径粘贴到剪切板，这时路径不见了，再按"Alt+L+V+R"组合键为图层添加矢量蒙版。	

（4）单击矢量蒙版，按"Ctrl+V"快捷键，看到路径被粘贴到矢量蒙版中。	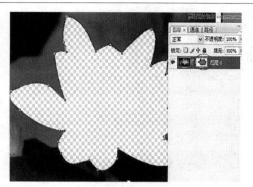
（5）如果荷花没有显示出来，在属性栏上有4个按钮可供选择，可以自由选择需要显示哪一部分。	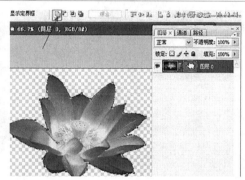

4. 用剪切蒙版合成图像

（1）打开"项目八\任务四\图8-4-15"。	
（2）把想要加图案的部分用钢笔工具勾勒出来，把勾勒部分转换成选区。	

（3）按"Ctrl+J"快捷键，把刚才扣好的图提取出来，生成一个新的图层。	
（4）打开"项目八\任务四\图8-4-18"。	
（5）把荷花图案放入第（3）步中的新图层上，作为一个图层置于顶层，并放到合适的位置。	
（6）按组合键"Alt+Ctrl+G"，创建剪切蒙版操作。	

（7）改变图案的混合模式，并适当调整透明度，完成合成。 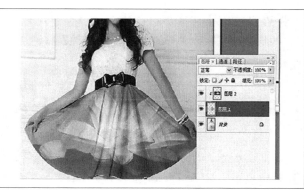

运用了剪切蒙版后，荷花图层只显示了与提出的裙子想重合的部分。其中提取出的裙子轮廓就是基底图层的形状。

 友情提示

按住"Alt"键单击蒙版，可以进入蒙版编辑状态。

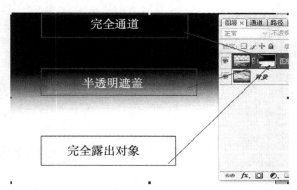

完全遮盖的部分就是被蒙版黑色盖住的部分，是全透明的部分，本层图像这部分已经透明看不到，看到的是下一层的图像。完全露出来的对象就是被蒙版白色盖住的部分，是不透明的部分，显示的还是本层原始图像。

 知识窗

图层蒙版与快速蒙版不同的是：

图层蒙版只对相应的图层产生作用。

图层蒙版是灰度图而不是红色的，可以用画笔在这个灰色的蒙版上进行编辑，而使图层图像本身不被编辑和改变。图层蒙版相当于一块能使物体变透明的布，在布上

涂黑色时，物体变透明；在布上涂白色时，物体显示；在布上涂灰色时，半透明。

那么，根据灰度图的特性，只用控制3种颜色来对蒙版进行操作，使图像产生变化，变化的规律只用记住下面简单的3条：

· 白色——不透明（蒙版中的白色将使图像呈不透明显示）；

· 黑色——透明（蒙版中的黑色将使图像呈透明显示）；

· 灰色(256级灰度)——半透明（蒙版中的不同灰色将使图像呈不同的半透明显示）。

也就是说，图层蒙版是在不改变原图像的基础上，通过控制蒙版中的3种颜色，用蒙版遮罩在图像上，使图像以被隐藏、不隐藏或半隐藏的方式显示出来，得到特殊的效果。

做一做

利用"北展""天空""水纹""裂土"素材，合成效果图。

素材

效果图

 学习评价

任务名称	目 标		完成情况			自我评价
			未完成	基本完成	完成	
任务一 操作通道	知识目标	概述通道的概念				
	技能目标	能灵活运用通道				
		能进行通道的建立、删除、复制、拆分、合并等操作				
	情感目标	培养理解能力、动手能力、想象能力				
任务二 操作 Alpha 通道	知识目标	了解通道和选区的区别				
		认识 Alpha 通道				
	技能目标	能灵活运用 Alpha 通道				
	情感目标	培养理解能力、动手能力、想象能力				
任务三 蒙版的使用	知识目标	能概述蒙版的概念				
	技能目标	能使用蒙版修饰图片				
	情感目标	培养理解能力、动手能力、想象能力				
任务四 运用蒙版	知识目标	能概述矢量蒙版、剪切蒙版的概念				
	技能目标	能运用矢量蒙版、剪切蒙版处理图片				
	情感目标	培养理解能力、动手能力、想象能力				
①同学们根据自己达到的水平在对应的"未完成""基本完成""完成"格中打√。 ②同学们在"自我评价"栏中对任务完成情况进行自我评价						

滤镜的应用

项目描述

滤镜是 Photoshop 中一个特殊的处理模块，主要用于对图像进行特殊效果的处理，使图像的风格发生变化，从而制作出富有创意的作品。

Photoshop 滤镜分为内置滤镜和外挂滤镜两种。内置滤镜是 Adobe 公司在开发 Photoshop 时添加的滤镜效果，它是软件自带的，不但功能强大，而且用途广泛，几乎覆盖了摄影印刷和数字图像的所有特点。外挂滤镜是第三方公司提供的滤镜，需要单独安装才能使用。

在本项目中，通过"钓鱼城风景版画与木刻""特效文字"和"怀旧照片"三个实例，来介绍滤镜的使用方法以及展示滤镜制作的特效。

学习完本模块后，你将能够：

· 了解滤镜的种类与作用；

· 掌握滤镜的基本使用方法；

· 掌握滤镜在文字中的应用；

· 掌握混合滤镜的使用方法。

任务一　滤镜的基本使用

任务描述

在 Photoshop 中，单击滤镜菜单，可以看到多种类型的滤镜。Photoshop CS4 自身携带的滤镜有 14 种类型，另外还包括了抽出、液化和图案生成器 3 个独立的滤镜，除此之外，还支持增效滤镜（也称为外挂滤镜）。外挂滤镜安装后，会出现在滤镜菜单的底部，使用方法与内置滤镜一样。在滤镜菜单中，凡选择后面有"…"符号的菜单命令都会弹出一个对话框，可在对话框中进行参数设置。滤镜对话框一般由预览框、参数设置框和命令确定按钮 3 部分组成。

具有对话框的 Photoshop 滤镜提供了两种预览方式：一种是通过滤镜对话框中预览框进行预览；另一种是直接在图像中生成预览。在滤镜对话框中可自由调节观看预览的部位。当鼠标放置到对话框的预览框中，就会变成手掌形状，此时，单击并拖动鼠标可移动预览框中的图像，单击预览框下面的"+"和"−"按钮可以放大或缩小图像。

任务分析

通过"特殊模糊"和"木刻"制作出钓鱼城风景版画和木刻效果。

原图

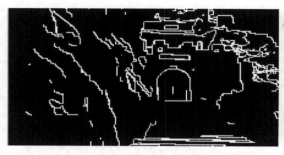

| 版画效果图 | 木刻效果图 |

 相关知识

　　"模糊"滤镜组中的命令主要对图像进行模糊处理，用于平滑边缘过于清晰和对比度过于强烈的区域，通过削弱相邻像素之间的对比度，达到柔化图像的效果。"模糊"滤镜组通常用于模糊图像背景，突出前景对象，它包括"表面模糊""动感模糊""高斯模糊""进一步模糊""径向模糊""镜头模糊""模糊""平均""特殊模糊"和"形状模糊"等11种模糊命令。

　　在使用 Photoshop 的滤镜命令时，需注意以下操作规则：

　　（1）滤镜的处理是以像素为单位，所以其处理效果与图像的分辨率有关。相同滤镜参数处理不同分辨率的图像，其效果也不相同。

　　（2）Photoshop 会针对选取区域进行滤镜效果的处理，如果没有定义滤镜选区，滤镜将对整个图像作处理。如果当前选中的是某一图层或某一通道，则只对当前图层或通道起作用。

　　（3）如果只对局部滤镜效果处理，可以为选区设定羽化值，使处理后的区域能自然地与原图像融合，减少突兀的感觉。

　　（4）使用"编辑"菜单中的"后退一步""前进一步"命令，可对比执行滤镜前后的效果。

　　在"位图"和"索引颜色"的色彩模式下不能使用滤镜。此外，对于不同的色彩模式，滤镜的使用范围也不同，在"CMYK 颜色"和"Lab 颜色"模式下，部分滤镜不可用，如"画笔描边""纹理""艺术效果"等。

任务实施

（1）打开"项目九＼任务一＼钓鱼城2.jpg"。

（2）复制背景图层。按"Ctrl+J"快捷键，复制背景图层，也可将背景图层拖到图层调板的"创建新图层"按钮上。

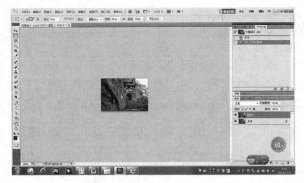

（3）滤镜特效。选择复制的背景图层，选择"滤镜"→"模糊"→"特殊模糊"命令。

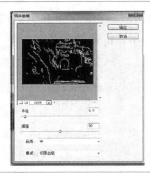

（4）设置特殊模糊的参数，半径为5.0，域值设为50，品质为中，模式设置为"仅限边缘"，完成效果如图所示。

（5）复制背景图层。按"Ctrl+J"快捷键，复制背景图层。	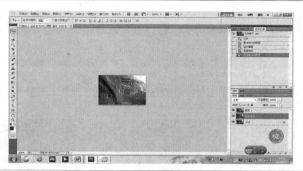
（6）滤镜特效。选择复制的背景图层，选择　"滤镜"→"纹理"→"纹理化"命令。	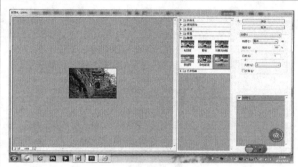
（7）展开艺术效果文件夹，选择"木刻"效果。	
（8）调整"木刻"参数，效果如图所示。	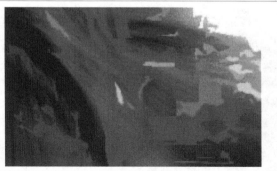

做一做

制作创意花环。

提示：主要用到波浪和极坐标滤镜，以及反相、色相饱和度等命令。

效果图

任务二　用滤镜制作文字特效

任务描述

在很多平面广告中都有特效文字，它的制作也与滤镜有关。

任务分析

本任务将通过对"冰"的设计与制作，介绍利用"风格化"滤镜组制作特效文字。

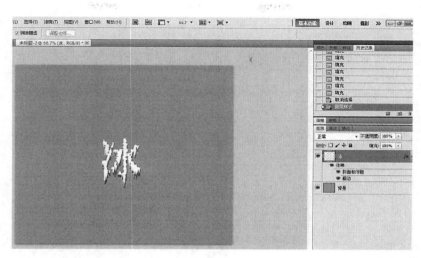

效果图

相关知识

风格化滤镜组通过置换像素、查找和增加图像的对比度，在图像中产生一种印象派的艺术风格。

风格化滤镜组中包含"查找边缘""等高线""风""浮雕效果""扩散""拼贴""曝光过度""凸出""照亮边缘"9种滤镜效果。

打开"项目九\素材\花.jpg图像"，作为演示素材，介绍其中常用的滤镜命令。

（1）"风"滤镜。"风滤镜"是通过在图像中添加一些小的方向线制作出风的效果。选择"滤镜"→"风格化"→"风"命令，弹出"风"对话框，设置"方法"和"方向"参数后单击"确定"按钮。	
（2）查找边缘。选择"风滤镜"→"查找边缘"命令。	

（3）浮雕效果滤镜。该滤镜主要用来制作图像的浮雕效果。它将整个图像转换成灰色图像，并通过勾画图像的轮廓，从而使图像产生凸起制作出浮雕效果。将"花.jpg"图像还原到初始状态，选择"滤镜"→"风格化"→"浮雕效果"命令，弹出"浮雕效果"对话框，设置角度、高度、数量参数后单击"确定"按钮，得到浮雕效果。

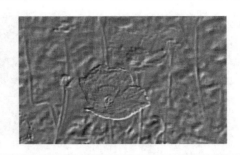

（4）照亮边缘滤镜。将"花.jpg"图像还原到初始状态，选择"滤镜"→"风格化"→"照亮边缘"命令，弹出"照亮边缘"对话框，设置边缘宽度、边缘亮度、平滑度参数后单击"确定"按钮，得到照亮边缘效果。

 任务实施

制作冰雪字。

（1）新建一个画布窗口，在通道内新建 Alpha1，然后输入文字"冰"。

（2）按"Ctrl+D"快捷键，取消选区。选择"图像"→"调整"→"反相"命令，效果如图所示。

（3）按住"Ctrl"键，在"通道"面板中单击"Alpha1"通道，载入通道选区，选择"滤镜"→"像素化"→"晶格化"命令打开"晶格化"对话框。

（4）按住"Ctrl"键，在"通道"面板中单击"Alpha1"通道，载入通道选区。选择"选择"→"反向"命令，然后选择"滤镜"→"模糊"→"高斯模糊"命令，弹出"高斯模糊"对话框。

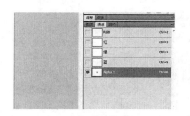

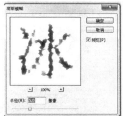

（5）选择"图像"→"调整"→"曲线"命令打开对话框。

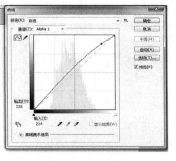

（6）按"Ctrl+D"快捷键，取消选区，按"Ctrl+I"快捷键，将图像反相显示。	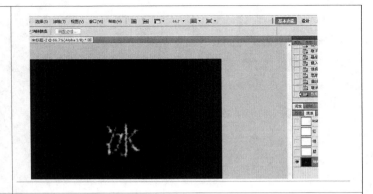
（7）选择"图像"→"旋转画布"→"90°（顺时针）"命令，将文字旋转，选择"滤镜"→"风格化"→"风"命令，弹出"风"对话框。	 
（8）选择"图像"→"旋转画布"→"90°（逆时针）"命令。	
（9）按住"Ctrl"键，在"通道"面板中单击"Alpha1"通道，载入选区通道，再单击"RGB"通道，退出通道。	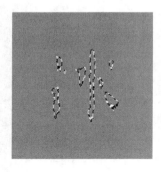

（10）新建一个名为"冰"的图层，使用白色填充选区，可以重复填充，使颜色加深，按"Ctrl+D"快捷键，取消选区。	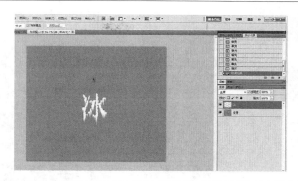
（11）单击图层中的"添加图层样式"按钮，在弹出的快捷菜单中选择"描边"，弹出"图层样式"对话框。	 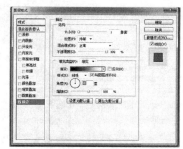
（12）将"描边"选项切换到"斜面和浮雕"选项。	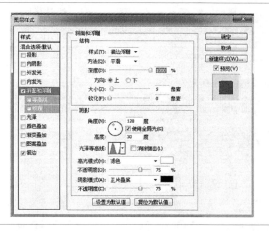
（13）最终效果图。	

 做一做

制作颤抖的文字，效果如下图所示。

提示：利用极坐标变换图层，执行一些操作后再变换回来，这样就能将一些水平或垂直的像素变为环状或放射状。如果在执行风滤镜的时候多次重复，就可以形成更长的线条，那么在最终效果上也可以形成更长的环状。

效果图

任务三　滤镜的综合运用

 任务描述

本实例通过杂色类滤镜和像素化类滤镜为照片创建怀旧照片色调的效果并加上艺术相框。

 任务分析

首选使用"去色"命令将照片处理为灰度图像效果，给照片添加老照片的泛黄色调，再使用添加"杂色滤镜"，然后使用"云彩"与"纤维"滤镜与图的模式的运用

为照片添加老照片的纹理。在图像中创建矩形选区，分割照片为相框与框内两个区域，进入"以快速蒙版模式编辑"，对相框区域使用"碎片"与"阴影线"滤镜制作边框，然后进入"以标准模式编辑"达到最终效果。

　　　　　　原图　　　　　　　　　　　　　　　　效果图

 ### 相关知识

　　"杂色"滤镜组主要是用于添加或减少杂色，以增加图像的纹理或减少图像的杂色效果。杂色滤镜包括"减少杂色""蒙尘与划痕""去斑""添加杂色"和"中间值"5 种滤镜。

　　"像素化"滤镜组主要通过单元格中的颜色值相近的像素结成许多的小方块，并将这些小方块重新组合，有机地分布，形成像素组合效果。其包括"彩色化""彩色半调""点状化""晶格化""马赛克""碎片"和"铜板雕刻"7 种滤镜。

 ### 任务实施

（1）打开"项目九\素材\钓鱼城 2.jpg"。	

（2）选择"图像"→"调整"→"去色"命令，去掉照片中的彩色信息，效果如图所示。

（3）新建一个图层"图层1"，将前景色设置为土黄色（RGB分别为：224，19，72），按"Alt+Delete"快捷键将该图层填充为前景色，不透明度为50%，此时"图层"面板如图所示。

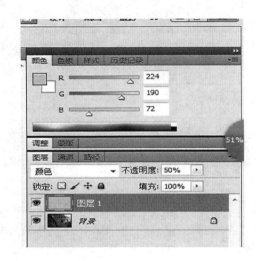

（4）选中"背景"图层，选择"滤镜"→"杂色"→"添加杂色"命令，弹出"添加杂色"对话框，并从中进行相应的参数设置，单击"确定"按钮，给"背景"图层添加杂色。

（5）新建"图层2"，按"D"键恢复默认的前景色和背景色，选择"滤镜"→"渲染"→"云彩"命令，为"图层2"添加云彩效果，此时图层面板如图所示。	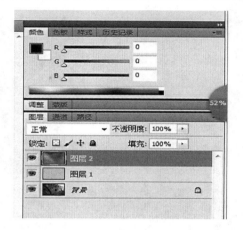
（6）选择"滤镜"→"渲染"→"纤维"命令，弹出"纤维"对话框并从中设置参数，如图所示。	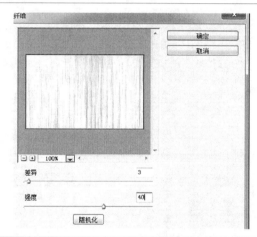
（7）单击"确定"按钮，应用"纤维"滤镜，设置"图层2"的图层混合模式为颜色加深，不透明度为50%，此时"图层"面板如图所示。	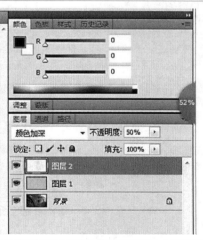

（8）怀旧色调照片最终效果图。

（9）使用"工具箱"中的"矩形选框"工具，在"背景层"图像区域创建矩形选区，选择"选择"→"以快速蒙版模式编辑"命令，将图像选区切换为快速蒙版模式状态。

（10）选择"滤镜"→"像素化"→"碎片"命令，然后按"Ctrl+F"快捷键两次，也就是重复使用"碎片"滤镜效果两次。

（11）选择"滤镜"→"画笔描边"→"阴景线"命令，弹出"阴影线"对话框，设置各个选项的具体参数。

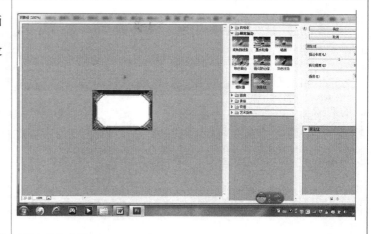

（12）单击"确定"按钮即可为图像添加阴影线效果。

（13）单击"工具箱"中的"以标准模式编辑"按钮，将图像切换为选区状态，然后按"Ctrl+Shift+I"组合键对选择区域反选。

（14）选择图层 1，然后按"Shift+F5"快捷键弹出"填充"对话框，设置自己喜欢的颜色，单击"确定"按钮，为选区填充合适的颜色，按"Ctrl+D"快捷键取消选区的选择。	
（15）按"Ctrl+S"快捷键保存文件。	

 做一做

　　绘制小火球。效果如右图所示。

　　提示：主要用到纹理滤镜、像素化滤镜、风格化滤镜、扭曲滤镜、模糊滤镜等。

效果图

 学习评价

任务名称	目标		完成情况			自我评价
			未完成	基本完成	完成	
任务一 滤镜的基本使用	知识目标	概述各种滤镜的作用				
	技能目标	能运用滤镜效果制作各种有创意的美术图片				
		能制作七喜宣传广告				
	情感目标	具有一定的科学思维方式和判断分析问题的能力				
任务二 用滤镜制作文字特效	知识目标	概述模糊滤镜组、扭曲滤镜组和风格化滤镜组的作用				
	技能目标	再现3种滤镜组的作用及操作步骤				
		能运用滤镜效果制作各种有创意的美术图片				
	情感目标	具有一定的科学思维方式				
		具有判断分析问题的能力				
任务三 滤镜的综合运用	知识目标	概述杂色滤镜组和像素化滤镜组的作用				
	技能目标	能运用滤镜效果制作各种有创意的图像效果				
	情感目标	具有一定的科学思维方式				
		具有判断分析问题的能力				

① 同学们根据自己达到的水平在对应的"未完成""基本完成""完成"格中打√。
② 同学们在"自我评价"栏中对任务完成情况进行自我评价

177